JN029122

現場エンジニアが読む

電気の本

第2版

林　正雄　著

まえがき

近年，工場の生産設備やビルなどのユーティリティ設備を管理する現場エンジニアには専門性が問われるより，広範な技術的知識を要求されるケースが多くなっています．機器のメンテナンス性向上，デジタル化，システム化の進歩によるものと考えられますが，この中にあって電気技術は機械，化学，建築などの電気以外のエンジニアから見ると「信号の動きが理解できない」,「感電が怖い」などの理由で最も苦手な分野になっています．

本書では，最近の現場エンジニアに要求される電気技術の基礎的な事柄をＱ＆Ａ方式で簡潔に述べています．Ｑのテーマの後に，現場の電気技術を修得中の理系女子の化学エンジニアであるエネ子さんと筆者の会話がありますが，Ｑが進むにつれてエネ子さんが電気エンジニアとして成長していく様子にも是非興味をもっていただきたいと思います．

本書は,好評をいただいた既刊の「現場エンジニアが読む電気の本」(2007年発行）の内容を，最近の技術の進歩に合わせて改訂を加えると同時に，現場に即した多くの演習問題に対し解説を加え，電気エンジニアとしての実力が高められる内容になっています．

さらに近い将来，脱炭素社会の実現を目指す日本では，電気の省エネがこれまでより強く求められる時代に突入しています．そこで，その背景を述べると同時に具体的な電気の省エネ技術の内容について解説を加えています．

本書の内容をひととおり理解されれば，現場の電気エンジニアとして十分通用する実力が養われると確信しています．同時に本書で学んだ事柄をもとにして，電験三種の資格取得などに向かわれることを願ってやみません．

最後に本書の執筆にあたり，その機会と貴重なご助言をいただいたオーム社編集局の方々に厚く御礼申し上げます．

2023年6月

著者しるす

目次

第3章 機械を制御する半導体

第4章 縁の下で活躍する制御部品と制御機器

第5章 自動化の頭脳　シーケンス制御

第6章 意外と知らないモータとインバータ

第7章 脱炭素社会実現に貢献する電気の省エネ

第1章

やさしい電気の基本

電気を勉強する際に最初につまずくのが電気の理論です．難しい数式が並ぶケースが多いので，つい息切れしてしまうことがあるようです．本章では，電気を理解する上で基本となる理論や項目について，難しい数式を使うことなく簡潔に説明を加えています．また，電気の単位をぜひ覚えていただきたいので，単位記号のあとにその呼称を付記しました．

直流と交流の違いは？

エネ子 交換用のリレーもってきました．

筆者 なんんだ，これは交流リレーじゃないか．この回路は直流だよ．これじゃ使えないよ．リレーの外形が同じでも直流と交流は性質が違うから共用ができないんだ．まず，回路が直流か交流かを知らなくてはね．

エネ子 さっそく直流と交流の違いを勉強してみます．

A01

電気には直流と交流がありますが，それぞれ違った特性を有しています．上記のリレーのように，直流または交流専用に使われる部品も多くあります．まずは，直流と交流の違いを波形から調べてみましょう．

1 直流と交流の波形

図1.1（a），（b）に直流，交流の電圧，電流の波形を示します．図からわかるように直流は時間に対して電圧，電流の大きさと方向が一定であるのに対し交流の電圧，電流は大きさ，方向が周期的に変化していることがわかります．この波形の違いが直流，交流それぞれの特性の違いにつながっているのです．

なお，現場では直流をDC（Direct Currentの略），交流をAC（Alternating

Currentの略）と呼ぶことが多いので覚えておいてください．また，直流，交流にかかわらず，電圧の単位には〔V：ボルト〕，電流の単位には〔A：アンペア〕が用いられます．

▼図1.1　直流（DC）と交流（AC）の波形

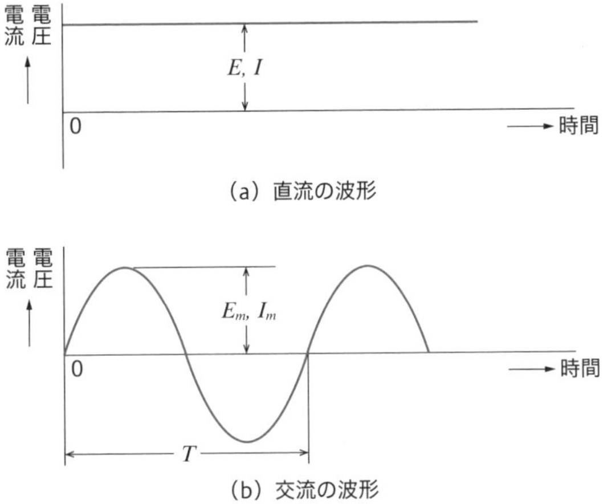

（a）直流の波形

（b）交流の波形

2　交流の周波数と実効値

交流で最も多く用いられるのは時間に対し電圧，電流が正弦波状に変化する正弦波交流です．図1.1（b）で，交流が1サイクルを経過するのに要する時間T〔sec：秒〕を周期，その逆数$1/T$を周波数といい〔Hz：ヘルツ〕の単位を用います．商用周波数は50Hzまたは60Hzですから，その周期は20msecまたは16.7msecになります．

交流は時間とともに電圧，電流の値が変化するので，そのままでは値の表示や扱いが不便です．そこで同じ抵抗値に対して直流と等価な電力を発生する交流電圧，電流の値を実効値と呼び，とくに断りのない限り交流の電圧，電流の値を示すときには実効値が用いられます．したがって，交流電圧計，交流電流計の指示も実効値を表しています．図1.1（b）において正弦波の交流電圧，電流の最大値をE_m，I_mとするとき，その実効値E，Iは次のように表されます．

$$\left.\begin{aligned} E &= \frac{E_m}{\sqrt{2}} \\ I &= \frac{I_m}{\sqrt{2}} \end{aligned}\right\} \quad \cdots\cdots (1\cdot1)$$

電圧の種別は？

エネ子 電気は電圧の値で低圧，高圧，特別高圧に分けられているのですね．

筆者 そうそう，よく知っているね．

エネ子 低圧は低い電圧の意味だから安全なんですか？

筆者 とんでもない！　危険度合いで電圧を分けているんじゃないよ．低圧だから安全なんて絶対あり得ないから気をつけなきゃね．

A02

電気安全の標語に「42Vはシニボルト」というのがあります．42Vほどの低い電圧でも，時と場合によっては危険なことがあるという意味です．電気の作業は油断せず，安全第一が肝要です．ここでは電圧の種別，それらの用途を見てみましょう．

1 電圧の種別

電圧は「電気設備に関する技術基準を定める省令」（以後，技術基準と略す）により，その値によって表1.1に示すように低圧，高圧，特別高圧に区分されています．また，技術基準には区分された電圧に応じて電気設備の工事，維持，運用についての基本的な規定が設けられています．

表1.1　電圧の種別

	直　流	交　流
低圧	750V以下	600V以下
高圧	750Vを超え 7,000V以下	600Vを超え 7,000V以下
特別高圧	7,000V超	7,000V超

2 直流，交流の電圧別用途

直流，交流の用途を電圧別にまとめると表1.2のように示されます．直流については，産業用として低圧は電気化学の分野（電気分解，電気メッキなど）や路面電車，一部の地下鉄に使用されています．また，半導体を中心とした電子回路の駆動は，電池を含めすべて直流が用いられます．さらに機械装置の制御回路の多くは，直流で駆動されます．これら電子回路，制御回路の電圧は概ねDC5～48Vが用いられます．直流の高圧（1.5kV）は幹線電気鉄道に用いられています．

表1.2　直流，交流の電圧別用途

	直　流	交　流
低圧	●電気化学 （電気分解，電気メッキ） ●路面電車，一部の地下鉄 ●電子回路，制御回路の電源	100V ●照明設備，家電用機器
		200V ●工場，ビル配電，一般動力用
		400V ●工場，ビル配電，一般動力用
高圧	1.5kV ●幹線電気鉄道	3kV，6kV ●工場，ビル受電，配電用 ●大型動力用
特別高圧	—	20kV以上 ●工場，ビル受電用

一方，交流は産業用，家庭用を含め動力，電熱，照明などの分野で広く用いられています．とくに産業用で用いられる三相交流という方式は効率的な電力の発生，輸送が可能であること，モータなどの動力発生機器においては，機器の性能や運用面で優れた特性を有しています．また，交流は変圧器で容易に電圧の変換ができることも広く用いられている理由の1つです．

交流における低圧の給電方式とその用途を表1.3にまとめました．また，高圧（3kV，6kV）は中規模工場やビルの受電用としての他，工場配電用や大型の動力設備に用いられます．さらに特別高圧（20kV以上）は大規模工場や大型ビルの受電用として用いられます．

表1.3　交流における低圧給電方式と用途

給電方式	1次／2次結線および線間電圧	対地電圧	用　途
100V 単相2線式	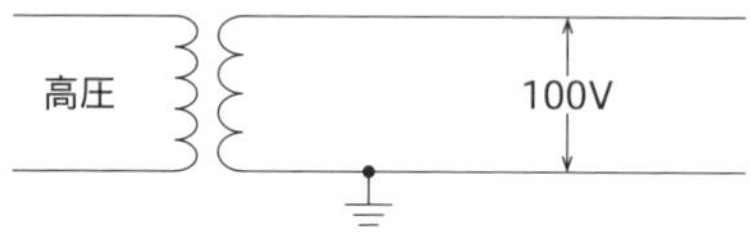 高圧　100V	100V	一般住宅の照明および家電機器
100V/200V 単相3線式	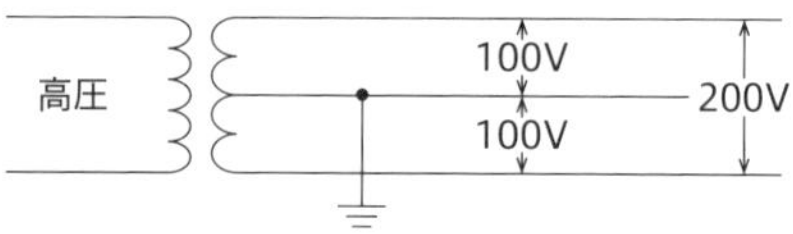 高圧　100V　100V　200V	100V	事務所，小規模事業場などの照明，および動力
200V 三相3線式 （Δ-Δ）	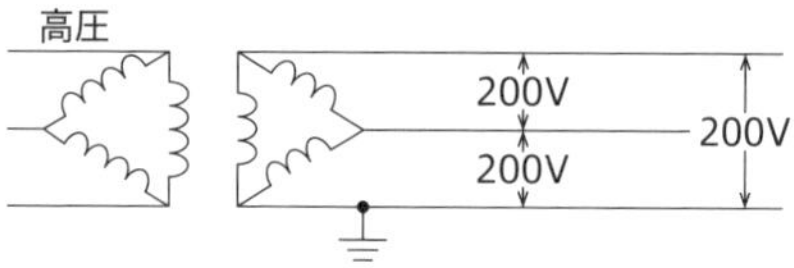 高圧　200V　200V　200V	200V	工場，ビルなどの動力全般
415V 三相3線式 （Δ-人）	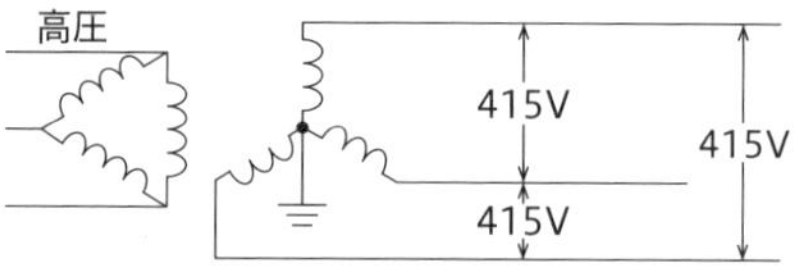 高圧　415V　415V　415V	240V	同　上
415V/240V 三相4線式 （Δ-人）	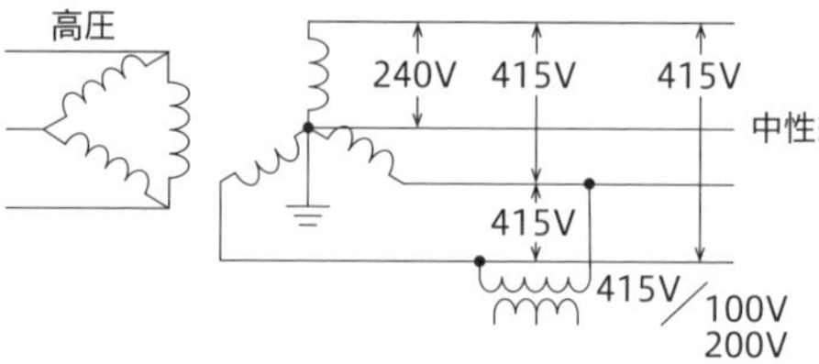 高圧　240V　415V　415V　中性線　415V　415V／100V 200V	240V	大型ビルなどの照明および動力全般

抵抗，インピーダンスとは？

筆者 この100V用交流リレーのコイル抵抗を測ってごらん．

エネ子 はい．3.7kΩでした．

筆者 コイル電流はいくらになるか計算してごらん．カタログにはコイル電流10mA（交流100V，50Hz時）となっているけど….

エネ子 コイル電流は100V/3.7kΩ＝27mA．あれ，何が違うんだろ？

筆者 それはね，抵抗とインピーダンスの違いだよ．

エネ子 抵抗とインピーダンス…？

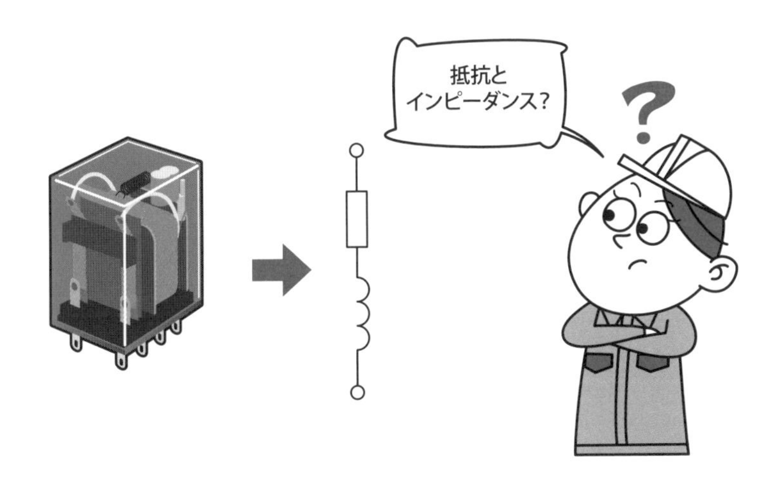

A03

エネ子さんと筆者の会話の中で，エネ子さんは交流リレーのコイル抵抗から電流を計算しました．一方，カタログの電流はコイルのインピーダンスから求められた電流値が記載されていました．交流回路の電流を計算するときは，抵抗ではなくインピーダンスを用いることをエネ子さんは知らなかったようです．では，さっそく抵抗とインピーダンスについて調べてみましょう．

1 オームの法則

図1.2（a），（b）は直流回路，交流回路（正しくは単相2線式交流回路）において，それぞれE〔V〕の電圧印加に対して，I〔A〕の回路電流が流れていることを表しています．同図（a）におけるR〔Ω：オーム〕は直流回路において電流を制限する要素を表し，抵抗（Resistance）と呼ばれます．また，同図（b）におけるZ〔Ω〕は交流回路において電流を制限する要素で，インピーダンス（Impedance）と呼ばれます．

（a），（b）においてそれぞれ

$$\left.\begin{array}{ll}\text{(a)では} & I=\dfrac{E}{R}\\ \text{(b)では} & I=\dfrac{E}{Z}\end{array}\right\} \cdots\cdots (1\cdot2)$$

の関係があり，これをオームの法則といいます．

▼図1.2　直流回路と交流回路

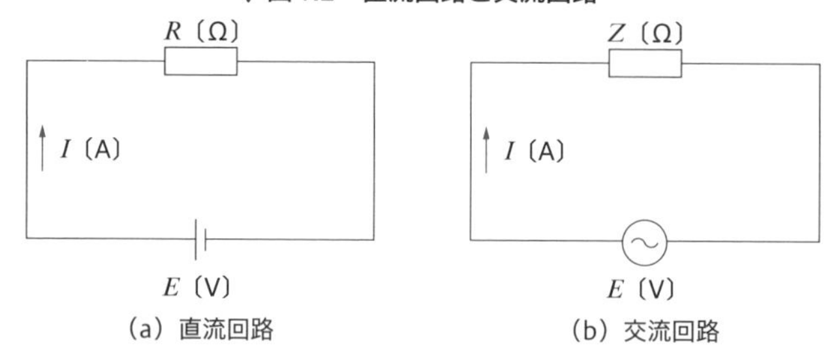

2 抵抗

2-1 抵抗の求め方

抵抗の大きさは材料の材質と形状から求めることができます．図1.3に示すような長さL〔m〕，一様な断面積S〔m^2〕を有する材料の抵抗R〔Ω〕は，次式で表されます．

$$R=\rho\frac{L}{S} \cdots\cdots (1\cdot3)$$

ここで，ρ〔Ωm：オームメートル〕は体積抵抗率（または単に抵抗率）と呼ばれ$L=1$m，$S=1m^2$を有するその材料のもつ抵抗を表しています．表1.4に主な電気材料の抵抗率を示します．

▼図1.3　抵抗の計算

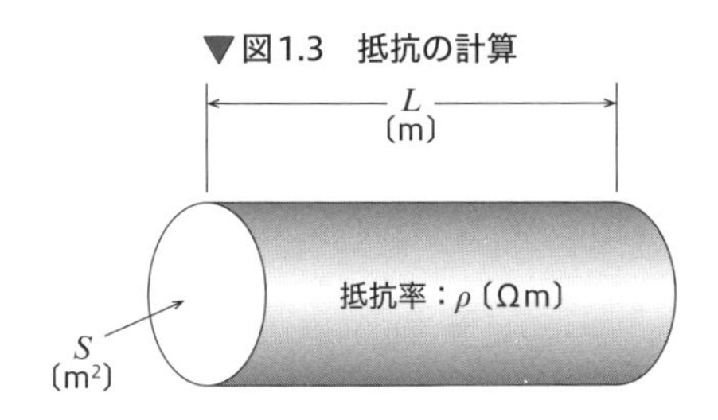

表1.4　主な電気材料の抵抗率

導体	抵抗率 × 10^{-8}	絶縁物	抵抗率
銀	1.62	ポリエチレン	$>10^{14}$
銅	1.72	塩化ビニル	10^{14}
アルミニウム	2.75	エボキシ樹脂	$10^{11}\sim10^{14}$
金	2.40	石英ガラス	$>10^{15}$
白金	10.60	天然ゴム	$10^{13}\sim10^{15}$
鉄	9.80	アルミナ磁器	$10^{12}\sim10^{13}$

単位〔Ω m〕

2-2 抵抗の直列接続，並列接続

図1.4（a）のようにR_1からR_nまでn個の抵抗が直列に接続されている回路の合成抵抗R_0は

$$R_0 = R_1 + R_2 + \cdots\cdots + R_n \quad (1\cdot4)$$

また，同図（b）のようにR_1からR_nまでn個の抵抗が並列に接続されている回路の合成抵抗R_0は

$$R_0 = \frac{1}{\dfrac{1}{R_1}+\dfrac{1}{R_2}+\cdots+\dfrac{1}{R_n}} \quad (1\cdot5)$$

と表されます．ここでR_1，R_2が並列に接続された場合の合成抵抗は

$$\frac{R_1R_2}{R_1+R_2}$$

となります．上式を覚えておくと実務上大変便利です．

▼図1.4　抵抗の直列および並列接続と合成抵抗の計算

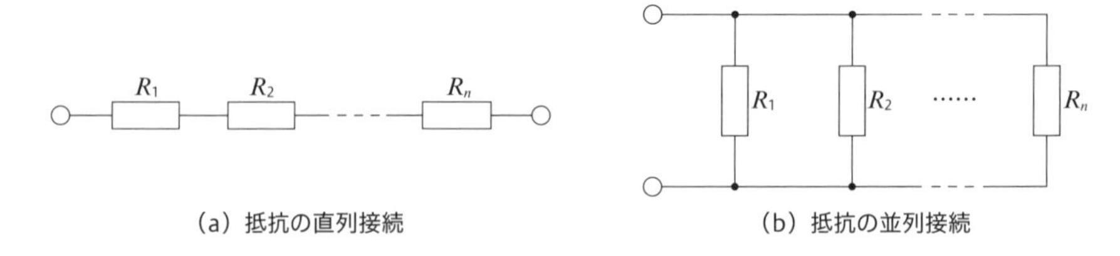

3 インピーダンス

交流回路では，抵抗のほかにコイルおよびコンデンサが電流を制限する要素として働きます．コイル，コンデンサの回路素子としての定数をそれぞれインダクタンス（Inductance），キャパシタンス（Capacitance，または静電容量）と呼び，それぞれ〔H：ヘンリー〕，〔F：ファラド〕の単位を用います．

インピーダンスは図1.5に示すように抵抗R，誘導性リアクタンスX_L，容量性リアクタンスX_Cから構成されます．X_L〔Ω〕，X_C〔Ω〕はインダクタンス，キャパシタンスの値をそれぞれL〔H〕およびC〔F〕とすると

$$\left.\begin{aligned} X_L &= \omega L \\ X_C &= \frac{1}{\omega C} \end{aligned}\right\} \quad \cdots\cdots (1\cdot 6)$$

として求めることができます．ここで，ω〔rad/s：ラジアン/秒〕は角周波数と呼ばれ，周波数f〔Hz〕との間に$\omega = 2\pi f$の関係があります．

▼図1.5　インピーダンスの構成

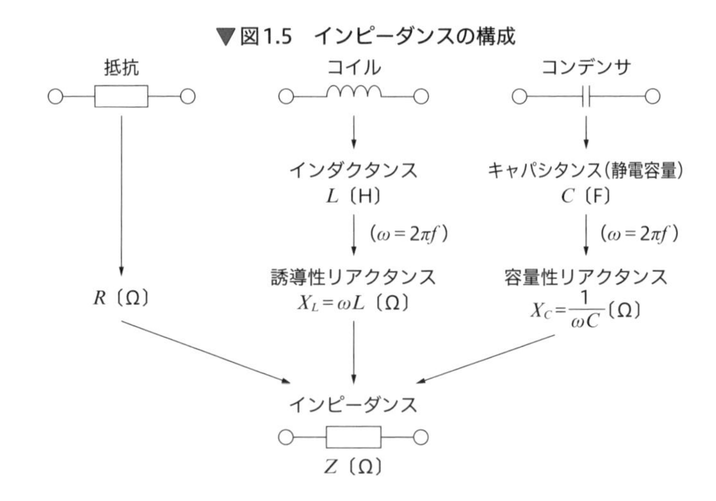

次に図1.6に示すR, L, Cの直列回路のインピーダンスZは

$$Z=\sqrt{R^2+(X_L-X_C)^2}=\sqrt{R^2+X^2} \quad \cdots\cdots (1\cdot7)$$

として与えられます．上式の$X=|X_L-X_C|$は単にリアクタンス（Reactance）と呼ばれます．

▼図1.6　R, L, C直列回路のインピーダンス

キルヒホッフの法則

複雑な回路の電流を計算する場合，キルヒホッフの法則を用いると便利です．キルヒホッフの法則は直流回路，交流回路いずれでも成り立ちますが，交流回路では計算が厄介なので，直流回路について解説します．

・第1法則：回路の接続点において，流入する電流の和と流出する電流の和は等しい．図1.7（a）に示す接続点において下式が成り立ちます．

$$I_1+I_2+I_4=I_3+I_5 \quad \cdots\cdots (1\cdot8)$$

・第2法則：閉回路において，起電力の和はその方向に流れる電流による電圧降下の和に等しい．図1.7（b）に示す閉回路において下式が成り立ちます（図で閉回路の方向と電圧，電流の方向が一致している場合は正，また，電圧，電流の方向が逆の場合は負としています）．

$$R_1I_1+R_2I_2-R_3I_3-R_4I_4=E_1-E_2 \quad \cdots\cdots (1\cdot9)$$

▼図1.7　キルヒホッフの法則

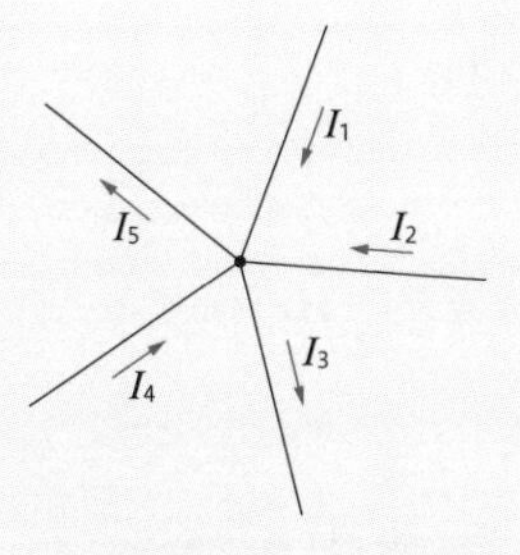

（a）キルヒホッフの第1法則

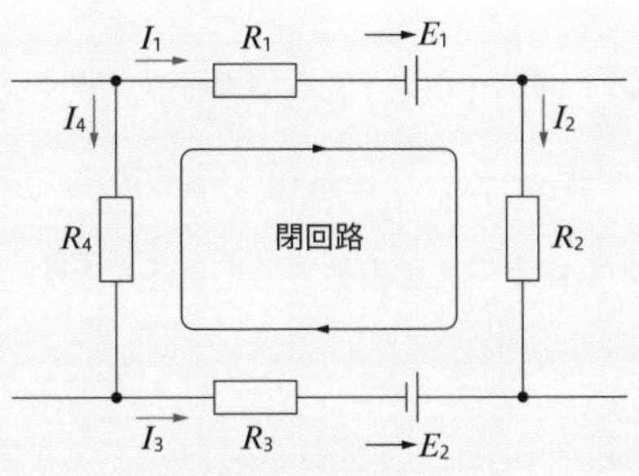

（b）キルヒホッフの第2法則

Q03 演習問題

問題1 断面積2mm^2，長さ50mの軟銅線の抵抗〔Ω〕はいくらになるか．ただし，軟銅線の抵抗率を1.72×10^{-8}Ω mとする．

解説>>> 式（1.3）に$L=50$m，$S=2$mm$^2=2\times10^{-6}$m^2，$\rho=1.72\times10^{-8}$Ω mを代入して

$$R=1.72\times10^{-8}\times\frac{50}{2\times10^{-6}}=0.43$$

解答　0.43 Ω

問題2 10 Ωの抵抗が5個直列に接続された回路と，10 Ωの抵抗が5個並列に接続された回路がある．これら2つの回路を直列に接続するとき，回路の両端からみた合成抵抗〔Ω〕はいくらになるか．

解説>>> 式（1.4）と式（1.5）で求められる抵抗値が直列に接続されるので，合成抵抗は

$$10\times5+\frac{1}{\frac{1}{10}\times5}=50+2=52$$

解答　52 Ω

問題3 AC100V，10mA（60Hz時）のコイル定格を有するリレーがある．コイルが誘導性リアクタンスのみで構成されているとしたとき，コイルのインダクタンス〔H〕を計算せよ．

解説>>> 問題からコイルの誘導性リアクタンスX_L〔Ω〕は

$$X_L=\frac{100}{10\times10^{-3}}=10^4\ \Omega$$となる．

式（1.6）からコイルのリアクタンスL〔H〕は周波数をf〔Hz〕とすると

$$L=\frac{X_L}{2\pi f}$$

上式に$X_L=10^4$ Ω，$f=50$Hzを代入してLを求めると，26.5Hを得る．

解答　26.5H

(問題4) 24Vの出力電圧を有する直流電源を2台並列に接続して10 Ωの負荷を駆動したい．直流電源の内部抵抗をそれぞれ0.2 Ω，0.4 Ωとするとき，2台の電源が分担する電流〔A〕を求めよ．また，このときの電源の端子電圧〔V〕はいくらになるか．

解説 >>> ［STEP UP］に述べたキルヒホッフの第2法則を用いて解いてみる．問題の回路図の閉回路①，②から次式が成り立つ．

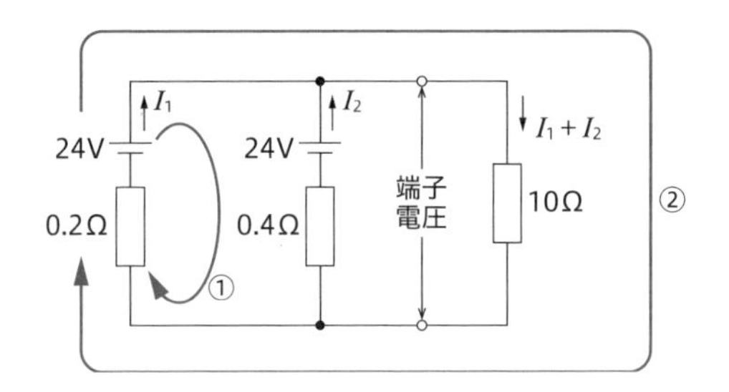

閉回路①から　　$0.2I_1 - 0.4I_2 = 0$

閉回路②から　　$10.2I_1 + 10I_2 = 24$

上記の連立方程式を解いて，$I_1 = 1.58$A，$I_2 = 0.79$A

また，端子電圧は電源電圧24Vから内部抵抗における電圧降下0.32Vを差し引いて23.68Vとなる．

解答　$I_1 = 1.54$A，$I_2 = 0.79$A

端子電圧は23.68V

位相の遅れ，進みとは？

筆者 君は毎晩ジョギングしてるようだね？　走るの好きなのかい？

エネ子 ええ，好きです．小学校の頃はクラスで一番足が速かったですし，運動会ではクラスの男子も置いてきぼりにしましたよ．

筆者 君を電流，男子を電圧とすると，君は位相が進んでいたわけだね．

エネ子 位相ですか?!

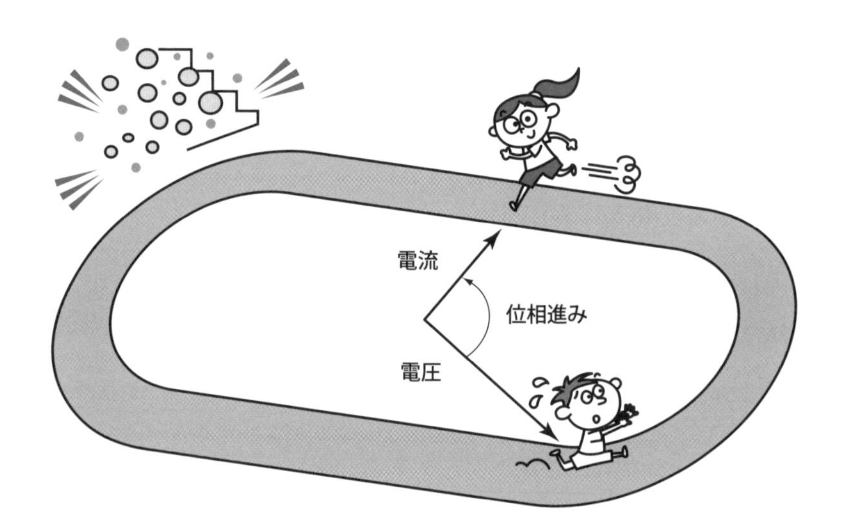

A04 交流回路ではQ03で勉強したリアクタンスの存在によって，電圧と電流の間に位相のずれ（位相角）が生じます．この位相角は交流回路の性質を表す重要なファクターです．

1 電圧と電流の位相

図1.8に示すR，L，C直列回路で，インピーダンスZに（a）$X_L=X_C$，（b）$X_L>X_C$，（c）$X_L<X_C$の3つの条件を与えた場合の電圧波形eと電流波形iを同図（a），（b），（c）に示します．（a）では式（1.7）から$X=0$，すなわち回路の

インピーダンス$Z=R$となり，回路には抵抗のみが存在することになります．このとき電圧，電流は位相（Phase）が等しくなりますが，このような関係を同相といいます．（b）では電流は電圧に対してϕ〔radまたは°〕だけ位相が遅れるので，これを遅れ電流と呼びます．さらに，（c）では電流は電圧に対しϕだけ位相が進むので，これを進み電流と呼びます．ここで，位相角ϕは

$$\phi=\tan^{-1}\frac{|X_L-X_C|}{R} \qquad (1\cdot10)$$

で与えられます．

▼図1.8　電圧と電流の位相関係

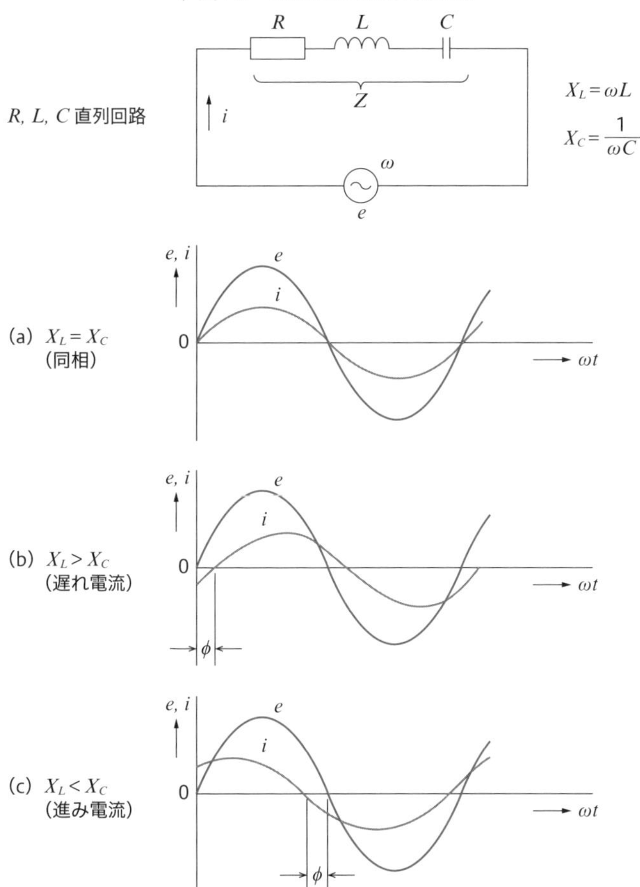

2 電圧，電流のベクトル表示

電圧，電流相互の関係はベクトルを用いて表示すると，波形を見るよりはるかに便利です．図1.9（a），（b），（c）は図1.8で述べた3つの電圧，電流の位相関係をベクトル表示したものです．E，Iの長さはそれぞれの実効値に対応し，ϕは位相角を表します．実際にはE，Iのベクトルはともに半時計方向に角速度ωで回転しているわけですから，ϕは一定になるのでE，Iは静止した図として表すことができます．また，同図(b)，(c)において電流を電圧と同相分の電流($I\cos\phi$)と90°位相をもつ電流（$I\sin\phi$）とに分けるとき，前者を有効電流，後者を無効電流といいます．

▼図1.9　電圧，電流のベクトル表示

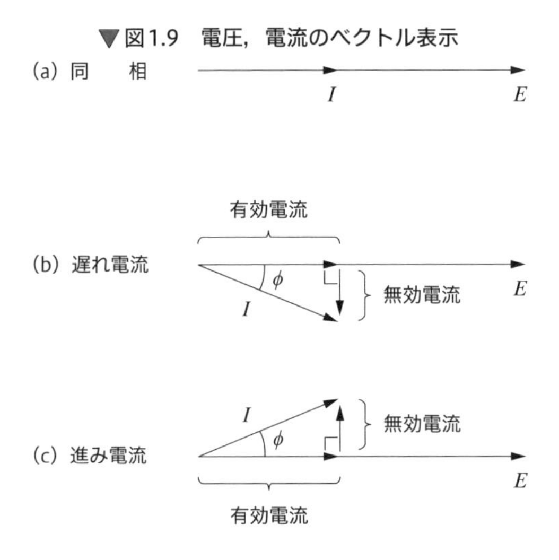

電力はどのように表すのか？

筆者　交流の電力は3つの表し方があるというのは知ってるかね？

エネ子　有効電力，無効電力，皮相電力ですね．

筆者　そうそう．有効電力は直流の電力と等価でエネルギーになるわけだが，無効電力はどんな役目をしているのかな？

エネ子　無効だから役に立たないということかな．あれ？….

A05

回路の電力の計算式は，直流と交流では異なります．とくに交流電力を求める場合は，電圧と電流の位相角ϕが大事な役割を果たします．

1 直流回路の電力

図1.10に示す直流回路の電圧をE〔V〕，電流をI〔A〕とすると，回路の電力P〔W：ワット〕は

$$P = EI = I^2R \quad \cdots\cdots (1\cdot11)$$

で表されます．上式は電源から供給される電力（$= EI$）が抵抗で，熱（$= I^2$R））に変換されると考えることができます．

▼図1.10　直流回路の電力

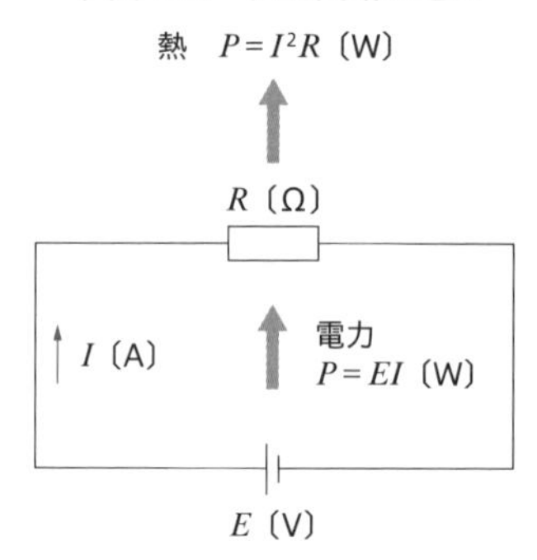

2 交流回路の電力と力率

2-1 交流回路の電力

図1.11に示す交流回路において電圧をE〔V〕，電流をI〔A〕，電圧，電流間の位相角をϕとすると，次に示す3つの電力が定義されます．

有効電力　$P=EI\cos\phi=I^2R$〔W〕

無効電力　$S=EI\sin\phi=I^2X$〔var〕　……………………　(1·12)

皮相電力　$Q=EI=I^2Z$〔V·A〕

▼図1.11　交流回路の電力

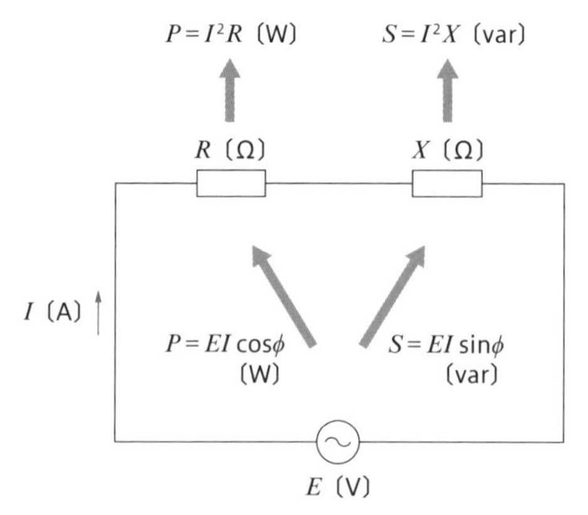

このうち有効電力は有効電流（$I\cos\phi$）による電力で，前記の直流回路の電力と同じく回路の抵抗で熱に変換される電力であり，〔W〕の単位が用られます．

交流回路の電力としては，とくに断りのない限りこの有効電力が用いられます．

また，無効電流（$I\sin\phi$）による電力を無効電力といいますが，エネルギーに変換されない電力ということができます．無効電力には〔var：バール〕の単位が用いられます．ここで，有効電力をP〔W〕，無効電力をS〔var〕とすると

$$Q=\sqrt{P^2+S^2} \quad (1\cdot13)$$

の関係があることがわかります．上式のQは皮相電力と呼ばれ，〔V·A：ボルトアンペア〕の単位をもちます．なお，P, S, Qの関係をベクトル図に表すと，図1.12のように直角三角形になりますが，これを電力の三角形と呼びます．

▼図1.12　電力の三角形

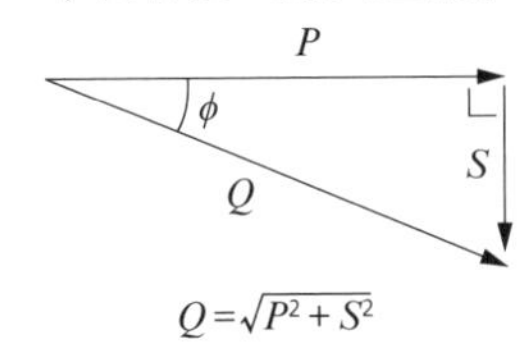

2-2 力率

式（1·12）から$\cos\phi=P/Q=R/Z$と表されますが，この$\cos\phi$を力率（Power Factor）と呼びます．ここで，先に述べた無効電力は，回路の力率を調整する働きをするということができます．また，遅れ電流の流れる回路の力率を遅れ力率，進み電流が流れる回路の力率を進み力率といいます．なお，力率は遅れ，進みに関わりなく0～1（または0～100%）の間の値を有することになります．

3 電力量

直流回路，交流回路いずれにおいてもP〔W〕の電力がt〔sec〕間継続して消費されたとき，この電力消費量を電力量といい，Pt〔W·sec：ワット秒〕と表されます．電力量の単位〔W·sec〕はエネルギーの単位〔J：ジュール〕と等価で

$$1〔\mathrm{W\cdot sec}〕=1〔\mathrm{J}〕$$

です．通常，電力量は積算電力計で計量され，〔kW·h：キロワット時〕の単位が用いられますが，前記の関係から

$$1〔\mathrm{kW\cdot h}〕=3.6\times10^6〔\mathrm{W\cdot sec}または\mathrm{J}〕$$

と表すことができます．

Q04 Q05 演習問題

（問題1） DC24V，1Wの定格をもつランプの抵抗〔Ω〕はいくらか．また，ランプの印加電圧が定格の90％になったときランプの電力はどうなるか．

解説>>> 式（1.11）は，$P=E^2/R$とも書き換えることができる．したがって，$R=E^2/P$だから，この式に$E=24$V，$P=1$Wを代入して$R=576\,\Omega$が求まる．また，PはE^2に比例するので，Eが0.9倍になった場合，Pは$0.9^2=0.81$倍，つまり0.81Wに減少する．

解答　ランプの抵抗：576Ω，ランプの電力0.81W

（問題2） 100V40W，100V200Wの定格をもつランプを直列につなぎ，100Vの回路に接続した．このときそれぞれのランプの消費電力〔W〕はいくらになるか．

解説>>> 問題1を参照してランプの抵抗はそれぞれ250Ω，50Ωと求められる．これらの抵抗の直列回路の電流は

$$\frac{100}{250+50}=\frac{1}{3}\,\mathrm{A}$$

したがって，40Wのランプの電力は $\left(\frac{1}{3}\right)^2\times 250=27.8$W，200Wのランプの電力は $\left(\frac{1}{3}\right)^2\times 50=5.6$Wとなる．

解答　100V40Wのランプの消費電力　27.8W
　　　100V200Wのランプの消費電力　5.6W

（問題3） 抵抗3Ω，誘導リアクタンス3Ωが直列に接続された回路に交流電圧を加えたとき，負荷の力率はいくらか．また，電流の位相は電圧に対してどのようになるか．

解説>>> 図1.8のR，L，C直列回路において，$X_c=0$に相当するから電圧，電流の関係は同図（b）のように電流は電圧に対し位相が遅れる．力率$\cos\phi$は式（1.12）から

$$\cos\phi=\frac{R}{Z}=\frac{3}{\sqrt{3^2+3^2}}=\frac{3}{\sqrt{18}}=\frac{1}{\sqrt{2}}=0.71$$

また，$\cos\phi=\frac{1}{\sqrt{2}}$から$\phi=45°$であるので電圧に対する電流の遅れ角は45°となる．

解答　負荷の力率は0.71，電流は電圧に対して45°位相が遅れる．

(問題4) ある交流回路の電圧，電流の瞬時値e，iが

$$e=\sqrt{2}E\sin\omega t \qquad i=\sqrt{2}I\sin(\omega t-\phi)$$

で表されるとき，平均電力（有効電力）は$EI\cos\phi$となることを証明せよ．

解説》》》 上式から瞬時電力$p=ei$であるから

$$p=2EI\sin\omega t\cdot\sin(\omega t-\phi)=EI\{\cos\phi-\cos(2\omega t-\phi)\}$$

解答　上式の第2項は1周期で平均すると零になるから，平均電力は$EI\cos\phi$となる．

(問題5) 25℃，10Lの水を電気ヒータを用いて15分間で85℃の湯にしたい．ヒータから水への伝熱効率を80%とするとき，必要なヒータ容量〔kW〕を求めよ．ただし，1mLの水の温度を1℃上げるのに必要とするエネルギーを4.2Jとして計算せよ．

解説》》》 25℃，10Lの水を15分間で85℃にするのに要するエネルギーは，ヒータからの水への伝熱効率80%を考慮して

$$\frac{10\times(85-25)\times4.2}{0.8}=3.15\times10^3\text{kJ}$$

ヒータの容量をP〔kW〕とすると，上記のエネルギー発生時間15分＝0.25時間，また，$1\text{kW}\cdot\text{h}=3.6\times10^3\text{kJ}$だから

$$0.25P\times3.6\times10^3=3.15\times10^3\text{kJ}$$

が成り立つ．上式より$P=3.5\text{kW}$

解答　3.5kW

単相3線式とはどのような給電方式か？

エネ子＞ この事務所の照明回路は単相３線式（単３）ですね？

筆者＞ うん，そうだよ．単相２線式（単２）に比べてどこが有利かな？

エネ子＞ ３本の線路で単２の２回路分の電力が送れますね．

筆者＞ そうすると，線路１線当たりの電力は単２に比べてどうなるかな？

エネ子＞ 単純計算で１線当たりの電力は，単３は単２の1.3倍になります．

筆者＞ そのとおりだ．それと動力用に単相200Vも使えるから，小規模の事業所，店舗などでは単３がとても便利なんだよ．

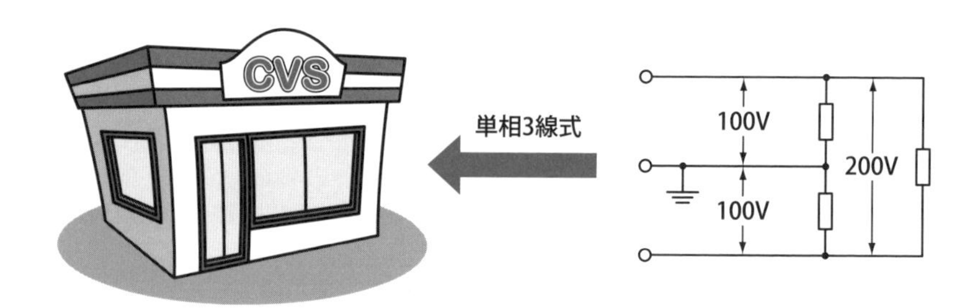

A06 読者の机のある事務所の分電盤を調べてみてください．おそらく単相３線式で給電されていると思います．さっそく詳しく調べてみることにしましょう．

1 単相３線式の回路

単相3線式とは図1.13に示すように，単相100V 2回路と単相200V 1回路を同時に給電する方式です．単相3線式は，主に小規模事業所，店舗などに多く採用されます．100Vは照明設備や家電機器に使用され，その電流I_1〔A〕，I_2〔A〕は同図から

$$I_1 = \frac{100}{Z_1} \qquad I_2 = \frac{100}{Z_2}$$

▼図1.13　単相3線式の電圧と電流

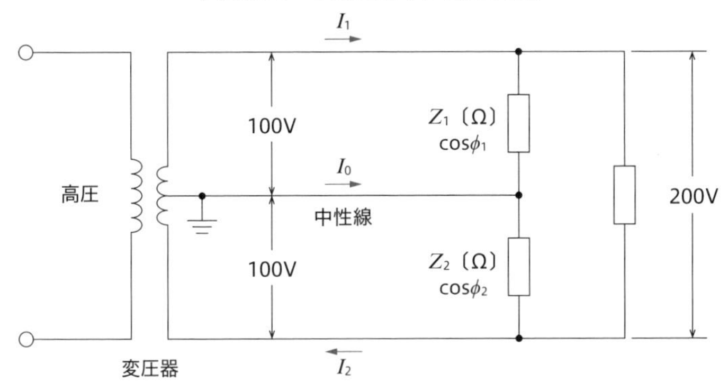

と表されます．$Z_1 = Z_2$および$\cos\phi_1 = \cos\phi_2$のときには中性線の電流$I_0 = 0$となりますが，この条件が成り立たないときにはI_0が流れます．また，両外線間は200Vですから空調機，冷凍器，電熱器などの動力機器に使用されます．

本方式では図に示す中性線が断線すると，Z_1，Z_2の端子電圧は200VをZ_1，Z_2の大きさで比例按分された値になるので，負荷端子に100V以上の電圧が印加される可能性があります．したがって，危険防止のため中性線にはヒューズなど回路を遮断する要素を挿入することは避けねばなりません．

三相3線式とはどのような給電方式か？

（エネ子）三相3線式の各線の電流は戻りがないのが不思議です．電流はどうなるのですか？

（筆者）いい質問だね．簡単にいうと，3線の電流は負荷の末端で合流して常に0になるんだよ．だから戻りがなくてもいいのさ．

（エネ子）ということは，三相3線式は3線で単相2線式の3倍の電力を輸送できるわけですね．つまり，電力の輸送効率がよいということになりますね．

（筆者）そのとおりだ．それが発電や送配電，需要家での配電などすべてに三相3線式が使われている一番の理由なんだよ．

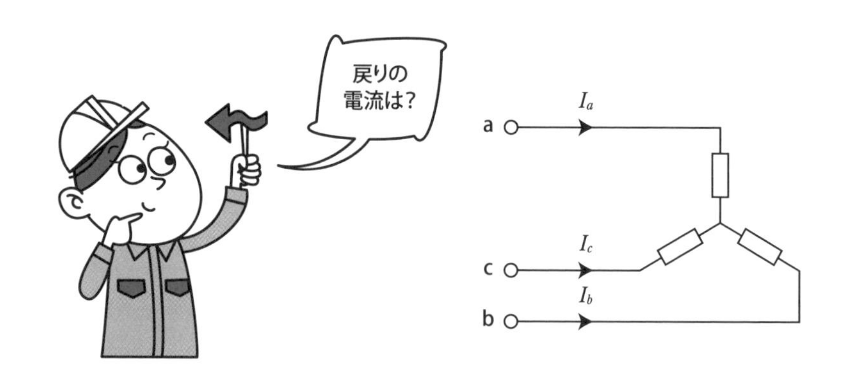

A07

三相3線式は工場内の配電から，動力負荷の末端に至るまで用いられている給電方式で，スター接続，デルタ接続の2つの方式があります．以下詳しく見ていきましょう．

1 三相交流電源

三相交流の電源は図1.14(a)に示すようにスター接続とデルタ接続があります．電源の電圧波形を図示すると同図（b）のように表されます．図から各相の電圧はそれぞれ120°の位相角をもっていること，どの時間においても三相の電圧の和が0になることがわかります．このような状態を電源が平衡状態にあるといいます．

▼図1.14　三相交流電源の接続と波形

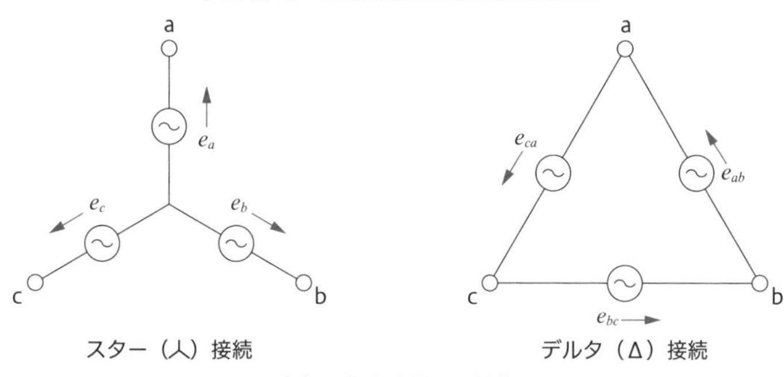

（a）三相交流電源の接続

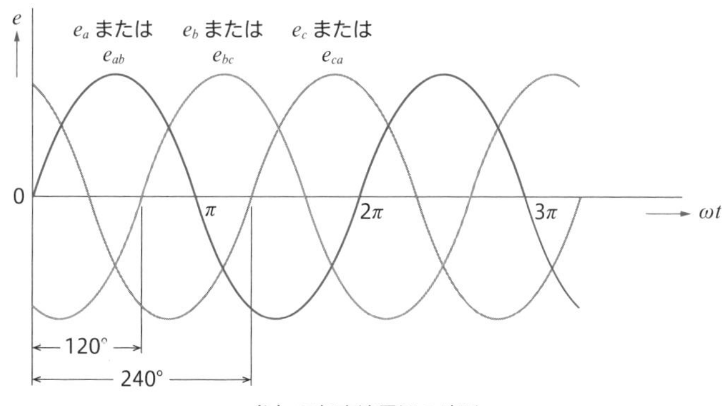

（b）三相交流電源の波形

2　三相3線式回路の電流と電力

2-1 スター（人）接続

図1.15（a）は電源，負荷ともにスター接続された三相3線式回路ですが，ここでE_a，E_b，E_cを相電圧，V_{ab}，V_{bc}，V_{ca}を線電圧（または線間電圧）といいます．電源は平衡状態なので

$$E_a = E_b = E_c = E \quad および \quad V_{ab} = V_{bc} = V_{ca} = V = \sqrt{3}E$$

が成り立ち，電源の中性点の対地電位は零になります．

▼図1.15　三相3線式スター接続回路

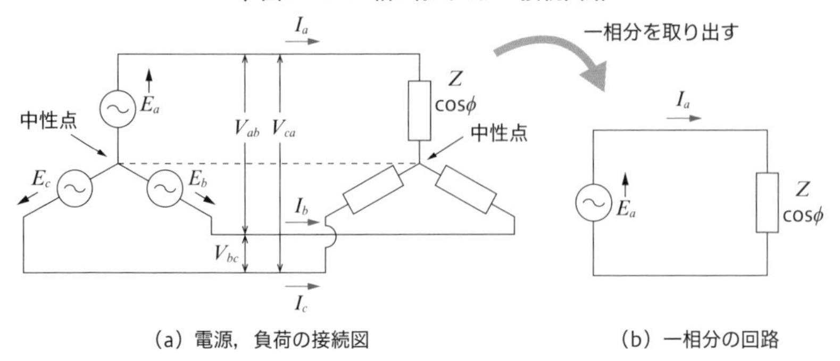

（a）電源，負荷の接続図　　（b）一相分の回路

また，三相の負荷は等しいインピーダンスと力率を有するとすると（これを負荷が平衡状態にあるといいます），負荷の中性点の対地電位も零になります．そこで同図（b）のように一相分の回路を取り出して電流を求めることができます．負荷のインピーダンスをZとすると電流I_a，I_b，I_cは

$$I_a = I_b = I_c = E/Z = I$$

と表されます．

次に三相の電力Pは負荷の力率を$\cos\phi$とすれば

$$P = (E_a I_a + E_b I_b + E_c I_c)\cos\phi = 3EI\cos\phi = \sqrt{3}VI\cos\phi \quad \cdots\cdots \quad (1\cdot14)$$

と表すことができます．

2-2 デルタ（Δ）接続

図1.16（a）は電源，負荷ともにデルタ接続された三相3線式回路ですが，ここで，I_{ab}，I_{bc}，I_{ca}を相電流，I_a，I_b，I_cを線電流（または線間電流）といいます．電源，負荷ともに平衡状態であれば，同図（b）に示す一相分の回路から

$$V_{ab} = V_{bc} = V_{ca} = V$$

$$I_{ab} = I_{bc} = I_{ca} = V/Z = I_p$$

線電流については

$$I_a = I_b = I_c = I = \sqrt{3}I_p$$

の関係が成り立ちます．したがって，三相の電力Pは

$$P = (V_{ab}I_{ab} + V_{bc}I_{bc} + V_{ca}I_{ca})\cos\phi = 3VI_p\cos\phi = \sqrt{3}VI\cos\phi \quad \cdots \quad (1\cdot15)$$

となります．

式（1·14），（1·15）から三相回路の電力はスター接続，デルタ接続に関わりなく，電源および負荷が平衡状態であれば

$$\sqrt{3}\times(線電圧)\times(線電流)\times(負荷力率) \quad\cdots\cdots\cdots\cdots \quad (1\cdot16)$$

として求められることがわかります.

▼図1.16　三相3線式デルタ接続回路

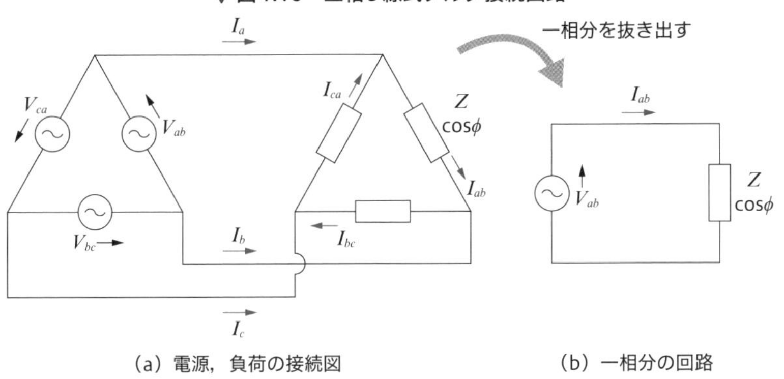

三相交流の表示

図1.14（b）に示される三相交流電圧の瞬時値は，電圧の実効値をEとすると次のような式で表されます．

a相　$e_a=\sqrt{2}E\sin\omega t$

b相　$e_b=\sqrt{2}E\sin(\omega t-120^\circ)$

c相　$e_c=\sqrt{2}E\sin(\omega t-240^\circ)$　　ただし，$\omega=2\pi f$

上式はe_aを基準にとると，e_b，e_cはそれぞれ120°，240°位相が遅れていることを示しています．上式のe_a，e_b，e_cをベクトル図で表すと図1.17のようになります．なお，図中のE_a，E_b，E_cの上にドット（・）がついているのはそれぞれがベクトル量であるという意味です．

▼図1.17　三相電圧のベクトル表示

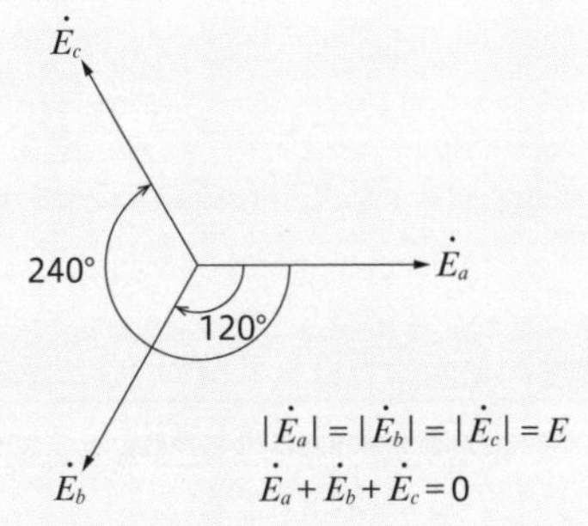

Q07 演習問題

（問題1） AC 200Vで運転されている三相誘導電動機がある．電流計の指示が30Aであるとき，電動機の入力電力〔kW〕，出力電力〔kW〕はいくらになるか．電動機の力率および効率を0.9として計算せよ．

解説》》》 式（1.16）において，線電圧＝200V，線電流＝30A，負荷力率0.9で電動機は運転されているので，電動機の入力電力をP_iとして同式に数値を代入すると

$$P_i=\sqrt{3}\times200\times30\times0.9\times10^{-3}=9.35\text{kW}$$

また，電動機の効率とは電動機の出力（回転力を電力として表した数値）をP_oとすると，P_o/P_iで表されるので

$$P_o=0.9\times9.35=8.42\text{kW}$$

となる．

解答　電動機の入力　9.35kW　　電動機の出力　8.42kW

（問題2） Δ接続された三相のヒータがある．いま一相のヒータが断線したとすると，発生電力はヒータが正常なときに比べてどのようになるか．また，3つのヒータ端子を用いて外部からの抵抗測定によって，どの端子間のヒータが断線しているかを検出する方法を考えよ．

解説》》》 下図のように一相のヒータ（a，b間）が断線したとすれと発生電力は正常時の2/3になる．また，各端子間の抵抗はa-b間：2R，b-c間：R，c-a間：Rとなり，断線したa-b間の抵抗は他の端子間の2倍になる．すなわち，各端子間の抵抗値を測定することにより，どの端子間の抵抗が断線しているか外部から検出できることになる．

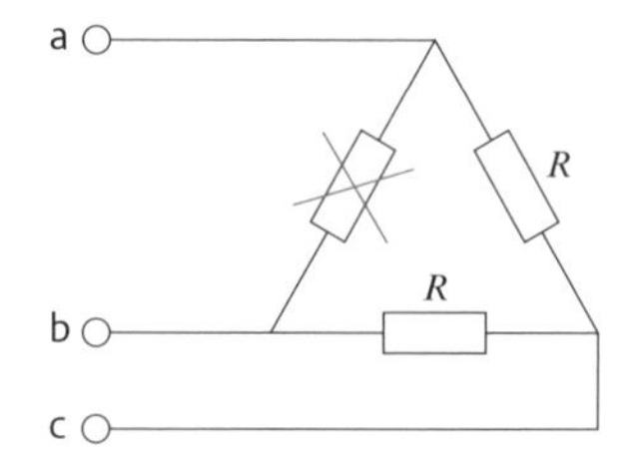

解答　発生電力は正常時の2/3になる．

各端子間の抵抗を測定し，その値を比較すればどの端子間のヒータが断線しているか検出できる．

〔問題3〕以下の回路図で表される単相2線式，単相3線式，三相3線式の3つの給電方式について，それぞれの電圧，電流が等しいとき各方式の給電線1本当たりの輸送電力を比較せよ．ただし，負荷力率は1とする．

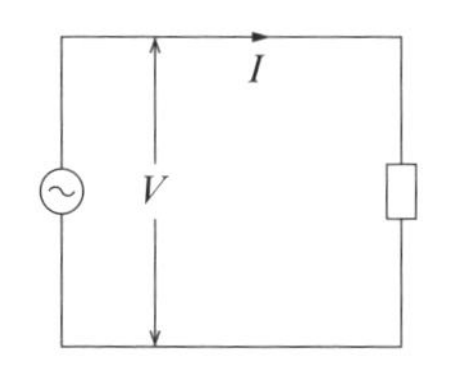

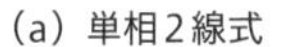

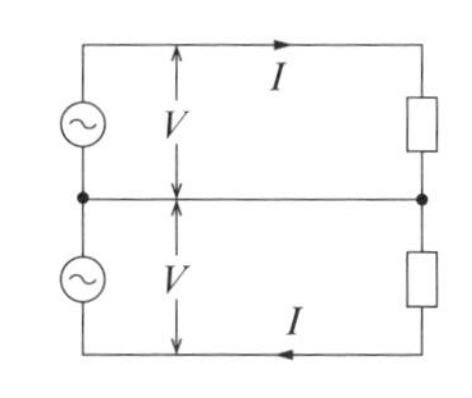

(b) 単相3線式

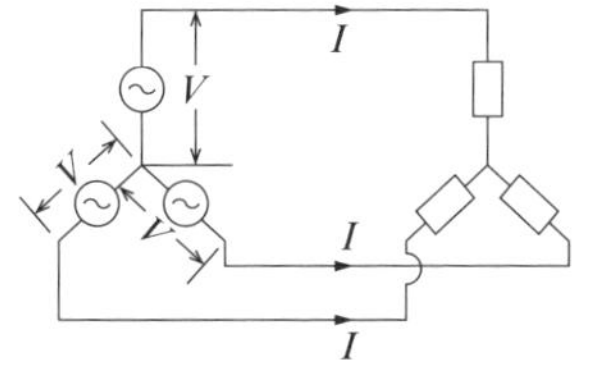

(c) 三相3線式（人-人）

解説》》》 それぞれの給電方式における輸送電力，電線数を下表にまとめて示す．

給電方式	輸送電力	電線数
単相2線式	VI	2
単相3線式	$2VI$	3
三相3線式	$3VI$	3

解答　それぞれの給電方式における1線当たりの輸送電力は

単相2線：単相3線：三相3線 $=\dfrac{VI}{2}:\dfrac{2VI}{3}:\dfrac{3VI}{3}=3:4:6$

〔問題4〕下図のように200Vの平衡三相電源にインピーダンス50Ω，力率0.8の平衡負荷が接続されている．回路の線電流〔A〕および三相の負荷電力〔kW〕を計算せよ．

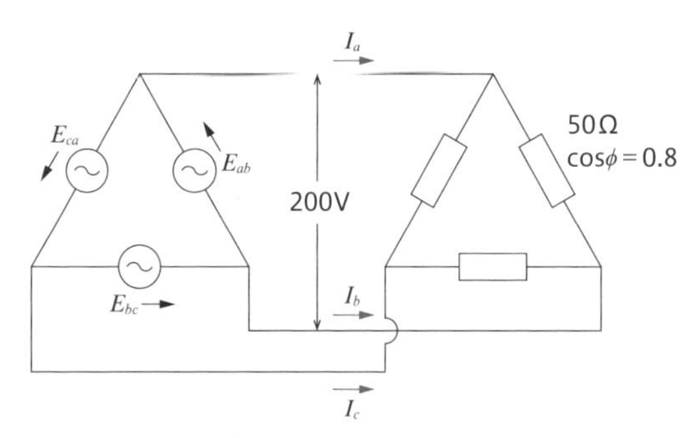

解説》》》 　相電流は200/50 = 4Aとなるので，線電流は

$$4\times\sqrt{3}=6.92\text{A}$$

負荷電力は式（1.16）から

$$\sqrt{3}\times200\times6.92\times0.8\times10^{-3}=1.92\text{kW}$$

解答　線電流　6.92A　　負荷電力　1.92kW

変圧器の原理は？

エネ子 交流は変圧器で簡単に電圧変換ができるのが便利なんですね．

筆者 そうだね．そのことが産業用，家庭用を問わず交流が広く使われている大きな理由なんだよ．では，直流の電圧変換は？

エネ子 さあ？　できるんですかね？

筆者 もちろんできるさ．ちょっとややこしいが，直流の電圧変換は直流→交流→電圧変換→直流という変換方法をとるんだ．この装置をDC/DCコンバータっていうんだよ．

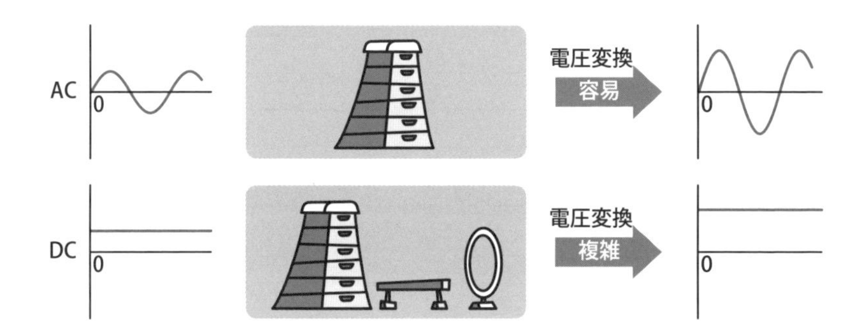

A08

交流は変圧器によって電圧変換が容易にできることが特徴の1つです．以下に説明する変圧器の原理からそれを理解してください．

1 変圧器の原理

図1.18に示すように，鉄心に電源側コイル（1次巻線，巻数n_1）および負荷側コイル（2次巻線，巻数n_2）の2組のコイルを巻きます．1次巻線に電圧E_1〔V〕，周波数f〔Hz〕の正弦波交流を印加したとき，2次巻線に発生する電圧をE_2〔V〕とすると，E_1，E_2はそれぞれ次式で表されます．

▼図1.18　変圧器の原理

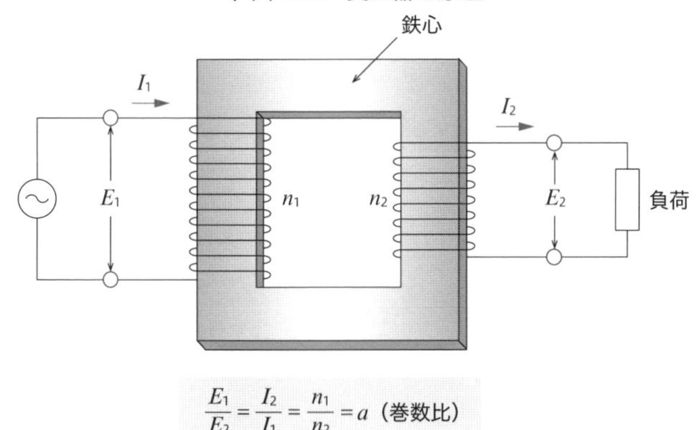

$$\frac{E_1}{E_2}=\frac{I_2}{I_1}=\frac{n_1}{n_2}=a\ \text{（巻数比）}$$

$$E_1=4.44f\phi_m n_1$$
$$E_2=4.44f\phi_m n_2$$

ここで，ϕ_m〔Wb：ウェーバ〕は鉄心中の磁束の最大値です．上式から

$$\frac{E_1}{E_2}=\frac{n_1}{n_2}=a \quad\cdots\cdots\quad (1\cdot17)$$

が得られ，aを変圧器の巻数比と呼びます．ここで，変圧器の2次電圧は式（1·17）から1次電圧と巻線比のみで決められることがわかります．これが変圧器で交流の電圧変換が容易にできる理由です．

また，1次巻線，2次巻線の電流をそれぞれI_1，I_2とすると，変圧器に損失がないものとすれば，$E_1I_1=E_2I_2$が成り立つので

$$\frac{I_2}{I_1}=\frac{n_1}{n_2}=a \quad\cdots\cdots\quad (1\cdot18)$$

の関係が得られます．

2　実際の変圧器

変圧器の基本的構造は，ケイ素鋼板を重ねてつくった鉄心に1次，2次の2組の巻線を巻いたものですが，図1.19（a），（b）に示すように，鉄心の形状と巻線の組合せ方で内鉄形と外鉄形に分けられます．また，巻線の施された鉄心は絶縁と冷却を兼ねて絶縁油中に収めたり，耐熱性の高いエポキシ樹脂でモールディングされます．前者を油入変圧器，後者をモールド変圧器と呼びます(図1.20参照).

▼図1.19　変圧器の構造

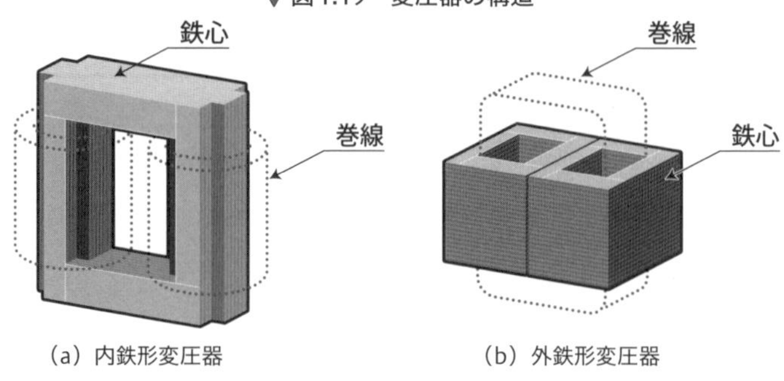

（a）内鉄形変圧器　　（b）外鉄形変圧器

▼図1.20　油入変圧器とモールド変圧器

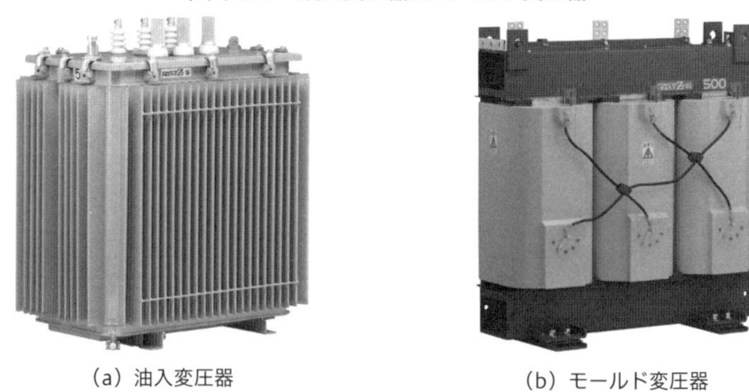

（a）油入変圧器　　（b）モールド変圧器

（画像提供：（株）日立産機システム　（a）超高効率変圧器 Super アモルファス ZeroS 三相 500kVA，（b）超高効率変圧器 Super アモルファス ZeroMS 三相 500kVA）

高調波はなぜ問題になるのか？

エネ子＞ 最近，変圧器から時々周期性をもった異音が出るんですが….

筆者＞ そのとき必ず稼動している設備はどれか調べてごらん.

〈調査の結果〉

エネ子＞ 最近新設したA工場の大型のインバータが稼動しているときに必ず異音が出ますね.

筆者＞ それじゃインバータに流れ込む高調波電流が原因だね．早速確認を取ってインバータにリアクトルを入れるなどの対策を取るとしよう！

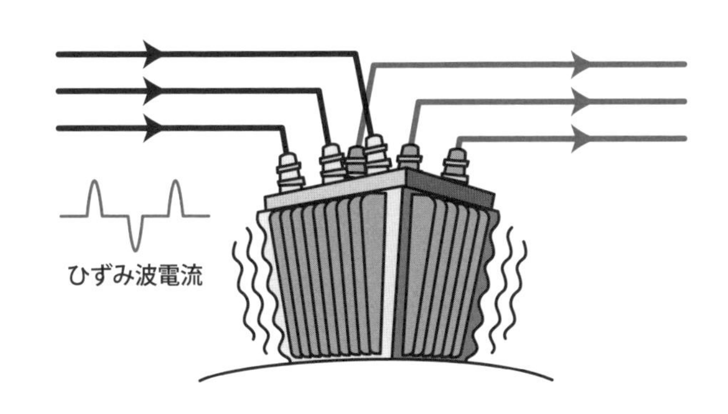

A09 高調波は，工場の内外で（自社内も他の電気需要家にも）いろいろな悪さをしますので注意が必要です．高調波の発生，障害と対策について調べてみよう.

1 ひずみ波交流と高調波

交流の中で，正弦波交流以外の交流を総称してひずみ波交流といいます．ひずみ波交流はフーリエ級数に展開することによって，周波数の異なる正弦波交流の和として表すことができます．例えば，図1.21に示すような方形波を有するひ

ずみ波交流$e(t)$は

$$e(t)=\frac{4E}{\pi}\left(\sin\omega t+\frac{1}{3}\sin 3\omega t+\frac{1}{5}\sin 5\omega t+\cdots\right)$$

ただし，$\omega=\dfrac{2\pi}{T}$

▼図1.21　方形波を有するひずみ波

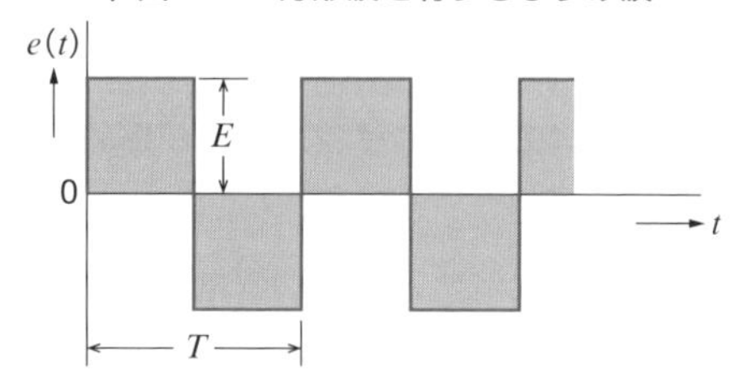

のように無限級数で表すことができます．上式のうち最も周波数の低い正弦波を基本波といい，基本波の整数倍の周波数をもつ正弦波を高調波（Harmonic Wave）といいます．また，上式で基本波の3倍の周波数をもつ高調波を第3高調波，5倍の周波数を持つ高調波を第5高調波…と呼びます（商用回路では50Hzまたは60Hzの正弦波が基本波になります）．

2 高調波の発生源と障害

2-1 高調波の発生源

近年，パワーエレクトロニクスを応用した電力機器（例えばインバータ，サイリスタ電力調整器，直流電源機器など）が数多く使用されていますが，これらの機器に流入する電流がひずみ波であることが多く，高調波の主な発生源となっています．

図1.22はひずみ波の例として，三相誘導モータの速度制御に用いるインバータの入力電流を示しています．この電流はインバータのAC/DC変換部に用いられる大容量の電解コンデンサへの充電電流がパルス状になるために発生します．

2-2 障害と対策

前述の高調波を多く含む電流は線路の電圧を歪ませることになり，キャパシタンスを有する負荷に対し大きな高調波電流を流し込むことになります．これはQ

▼図1.22　インバータへの入力電流波形

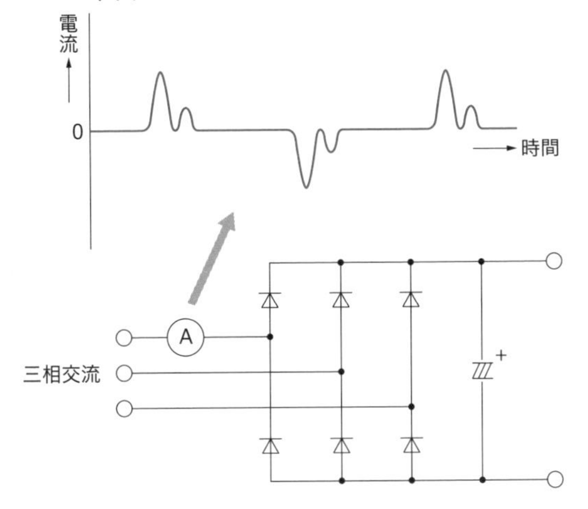

☞A03に述べたように，容量性リアクタンスX_Cの大きさは周波数に反比例して小さくなるので，高次の高調波に対するX_Cが小さくなり，高調波電流が流れやすくなるためです．

このため，

① 電力用コンデンサの過熱が生じる

② 線路の対地キャパシタンスに対する漏れ電流が増加し，保護継電器や漏電遮断器の誤動作が発生する

また，高調波を多く含む電流によって

③ 変圧器や電力用コンデンサの直列リアクトルに異音，異常振動が発生する

④ 高次の高調波による通信機器，電子制御機器などへの誘導障害が発生する

などの障害が起こります．

対策としては発生源から高調波電流の流出を防ぐため，

① 高調波電流を発生する機器の入力側に直列リアクトルやひずみ波形補償装置を挿入して入力電流を正弦波状に補正する

また，線路や障害を受けやすい機器に

② 線路の途中にアクテイブフィルタを接続して高調波電流を補償する

③ 機器の入力に直列リアクトルやフィルタを挿入して高調波電流の流入を防ぐ

④ 漏電ブレーカに高周波型を用いて誤動作を防止する

などの対策が用いられます．

接地（アース）はなぜ必要か？

筆者 機器になぜ接地が必要か知っているかい？

エネ子 漏電の際の感電や火災発生の防止ですよね．とくに感電については，機器の接地さえきちんとされていれば絶対安全だと聞いていますが….

筆者 接地の目的はそれで正しいのだけれど，絶対安全というのは間違いだよ．機器がきちんと接地されていても，漏電した機器に人が触れたとき人に印加される電圧が危険なレベルになることは十分にあり得るのだから．

エネ子 そうですか．それでは漏電に対して絶対安全といえるにはどうすればよいのですか？

筆者 絶対というのは技術の世界では難しいことだけど，機器接地と漏電遮断器の組合せではじめて安全が確保できるとはいえるね．

A10

漏電による人，ものに対する災害防止という意味から，接地について正しい知識をもつことが大事です．接地の目的，接地工事の種類およびなぜ機器接地だけでは感電災害防止に不十分かなどについて解説します．

1 接地の目的

電路や機器に接地を施す目的は，漏電による人的災害や火災の発生を防止すること，および漏電検出を容易にすることにあります．ここで接地を目的によって分けると次のようになります．

① 系統接地

高圧または特別高圧から低圧に電圧を変換する変圧器の内部で高低圧の混触が発生したとき，低圧側に高電圧が侵入することによる災害を防止することを目的としています．図1.23に示すように，変圧器の低圧側の中性点または低圧電路の1端子を接地するもので，「技術基準」におけるB種接地がこれに当たります．

▼図1.23 系統接地（変圧器低圧側のB種接地）

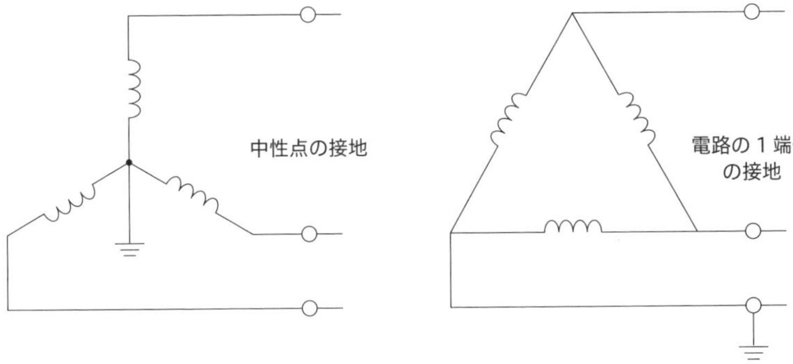

中性点の接地

電路の１端子の接地

② 機器接地

機器の絶縁劣化などの原因による漏電から感電，火災の事故発生を防止するため，変圧器，電動機，制御機器などの外箱や鉄台を接地するもので，「技術基準」におけるA，C，D種接地がこれに当たります．

③ 避雷用接地

雷害防止のために設ける避雷器や避雷針を接地するもので，建物の構造体の接地抵抗が低ければこれを利用することができます．

④ 帯電防止用接地

静電気による災害防止のため，原油，ガソリンなどの危険物を貯蔵するタンクやこれを移送する配管を接地するものです．

2　接地工事の種類と接地抵抗

前述の系統接地および機器接地を対象とした接地工事の種類と接地抵抗が「技術基準」により表1.5のように定められています．B種接地では変圧器において高圧または特別高圧と低圧の混触が発生した場合，低圧電路の対地電圧が150～600V以下になるよう接地抵抗を定めています．電力会社では各高圧需要家に必要なB種接地抵抗の値を計算書として周知しています．さらに，A種接地では高圧および特別高圧機器，C種およびD種接地では低圧機器に対する機器接地の接地抵抗を定めています．

表1.5　接地工事の種類と接地抵抗

接地工事の種類	適用範囲	接地抵抗値	
A種	高圧または特別高圧用の機械器具の鉄台，金属性外箱などの接地	10Ω以下	
B種	高圧または特別高圧と低圧とを結合する変圧器において，低圧側の中性点または低圧側の使用電路が300V以下の場合は低圧側1端子の接地	地路が生じた場合，高圧側または特別高圧側の電路をしゃ断する時間	
		1秒以下	600／I_g
		1秒を超え2秒以下	300／I_g
		上記以外	150／I_g
C種	300Vを超える低圧用機械器具の鉄台，金属性外箱などの接地	10Ω以下	
D種	300V以下の低圧用機械器具の鉄台，金属性外箱などの接地	100Ω以下	

I_g：高圧側または特別高圧側電路の一線地路電流（単位：A）

3　機器接地で漏電対策は万全か？

漏電により機器の表面に現れる電圧を接触電圧といいますが，機器接地はこの接触電圧を低く抑え，人が漏電を生じた機器に触れたときの安全を図るものです．人体の接触状況に対する接触電圧の許容値は，（一社）日本電気協会発行の「低圧電路地絡保護指針（JEAG8101-1971）」によれば，表1.6のような数値が示されています．

ここで図1.24に示すように，V〔V〕の対地電圧を有する単相2線回路にB種接地が，機器にD種接地が施されている場合を例に漏電した機器表面の接触電圧を考えてみましょう．図からB種およびD種の接地抵抗をR_B〔Ω〕，R_D〔Ω〕とすると，接触電圧V_T〔V〕は

表1.6　接触電圧の許容値

種別 / 項目	第1種	第2種	第3種	第4種
接触状態	●人体の大部分が水中にある状態	●人体が著しく濡れた状態 ●金属製の電気機械器具に人体の一部が常時触れている状態	●第1種，第2種以外の場合で，通常の人体状態において，接触電圧が加わると危険性が高い場合	●左記の状態において接触電圧が加わっても危険性の低い場合 ●接触電圧が加わるおそれのない場合
対象電路	●浴槽，水泳プールまたは人が立ち入るおそれのある水槽，池，沼田などの内部に施設する電路	●左記の周辺，トンネル工事現場などの湿気や水気が著しく存在する場所の電路 ●金属製の電気機械器具や構造物に常時触れて取り扱う場所の電路	●人が触れるおそれのある場所の電路（例えば，住宅，工場，業務所などの一般場所において，人が直接触れて取り扱う電気工作物）	●人が触れるおそれのない場所の電路 ●保護接地を要しない電路（例えば，住宅，工場，業務所などの一般場所の隠ぺい場所または高所に施設する電気工作物）
接触電圧	2.5V以下	25V以下	50V以下	制限なし

（一社）日本電気協会「低圧電路地絡保護指針」

$$V_T = \frac{R_D}{R_B + R_D} V \quad \cdots\cdots (1 \cdot 19)$$

と表されます．接触電圧は式（1·19）に示すように，回路の対地電圧およびB種，D種接地抵抗の値から一義的に求められますが，機器の置かれている環境（例えば著しく湿気がある，濡れているなど）を加味して，表1.6から安全性が判断されます．これらの条件をまとめて，回路の対地電圧と機器の設置環境から決められた漏電遮断器（ELCB）の設置と選択について，Q&A 19 **2** で解説しています．

▼図1.24　漏電に対する接触電圧

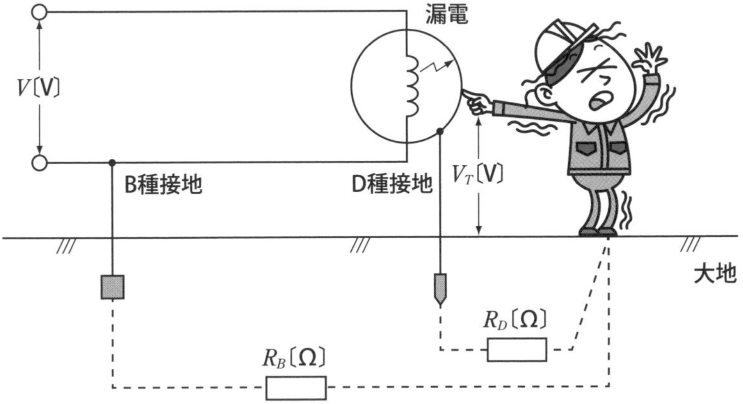

電気設備に関する法令

皆さんが日常接している電気設備の配線設計，工事，メンテナンスなどについては，電気事業法から派生する各種の法令によって規制されています．ここではその概略を記載します．

1　自家用電気工作物

法令では，電気設備全般を電気工作物と呼び，図1.25に示すようにこれを事業用と一般用に分けています．さらに事業用は電気会社が保有する電気事業用と読者の皆さんが管理されている自家用とに分けています．

▼図1.25　電気工作物の分類

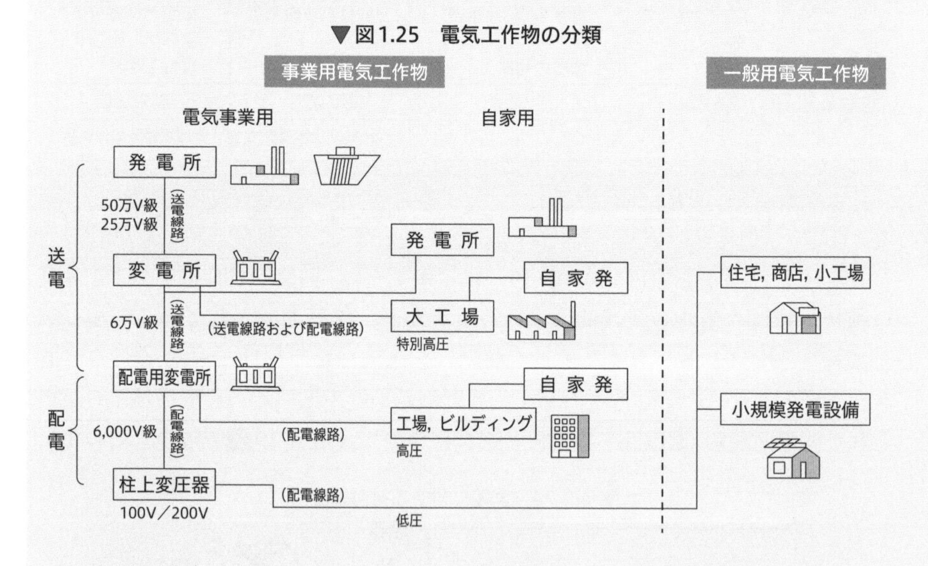

2　技術基準

電気設備の工事，維持，運用については「電気設備に関する技術基準を定める省令」とその技術内容を示した「電気設備の技術基準の解釈について」に準拠しなければなりません．また，技術基準に基づいて民間専門機関が自主的に補完，解説した規格が「内線規程」です．この「内線規程」に準拠した配線設計，工事を実施すれば自動的に「技術基準」をクリアしたことになります．「技術基準」と「内線規程」は是非とも読者の皆さんにお手元に備えておかれるようお勧めします．

3　電気主任技術者

一定規模以上の事業用電気工作物の工事，維持，運用に当たってはその管理監督者として専任の電気主任技術者を選任しなければなりません．電気主任技術者の資格と選任の範囲を図1.26に示します．

▼図1.26　電気主任技術者の資格と選任の範囲

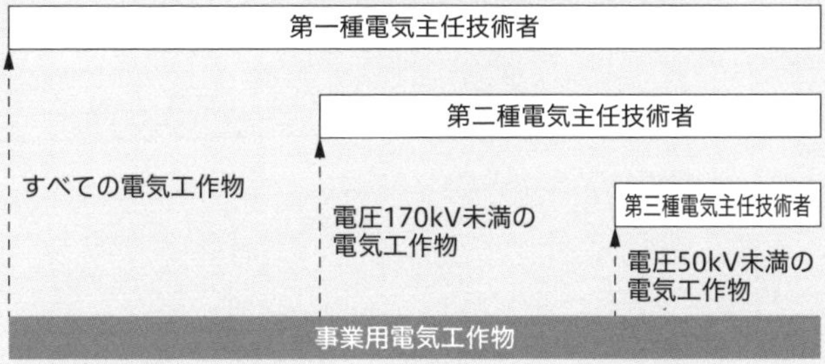

第2章

現場で必要な電気の測定

電気の測定は，設備の故障原因の調査や日常のメンテナンスのときに必要となります．現場での測定は電圧，電流あるいは回路の導通，開放などを調べることが主になりますが，この種の測定は難しいものでないので慣れておくと大変便利です．本章では電圧，電流，抵抗，電力の測定法や絶縁抵抗，接地抵抗の意味，測定法などについて疑問に答える内容になっています．

測定の正しさとは？

エネ子 電圧計，電流計の指示を見ていて，この指示が本当に正しいのか？　と思うことがあるのですが….

筆者 おそらく真値は指示の近辺にあるんだろうね.

エネ子 そうすると私たちが読んでいる指示は正しいといえるのですか？

筆者 そこで誤差ということを考えなくてはね．誤差は真値と測定値の差をいうのだけれど，それぞれの測定器では指示に対する誤差の度合いが決められているんだよ．一般に誤差が小さいほど精度の高い測定器ということになるわけだが….

エネ子 だから重要な測定器は定期的に校正することが大事なのですね.

A11

私たちは測定器の指示を読み取るとき，無意識にそれが正しいものと考えてしまいます．しかし，測定値には常に誤差が含まれていることを知っておくことは実務のうえで大切なことです.

1 誤差と誤差率

一般に誤差は測定結果に対する評価の指標として用いられ，次のように定義されます．誤差εは測定値をM，真値をTとすると

$$\varepsilon = M - T$$

と表されます．誤差の絶対値が小さいとき，その測定の精度がよいと評価されます．また，測定の精度を表すのに誤差率（または相対誤差）ε_M〔%〕が用いられ

$$\varepsilon_M = \frac{M-T}{T} \times 100 \quad \cdots\cdots (2\cdot 1)$$

と表されます．

2 測定器の精度表示

一般に測定器の精度は，フルスケールまたは測定レンジの値に対する誤差率で表されます．アナログ型の携帯用計器，パネル用計器の表面にCLASS××（または××級）と記されていますが，この××が測定器の誤差率を表しています．

3 誤差の伝搬

直流回路では，電圧計の読みVと電流計の読みIから$R = V/I$によって抵抗を求めたり，$P = VI$によって電力を求めることがよく行われます．このとき電圧計，電流計の読みに含まれる誤差率をそれぞれ$\Delta V/V$，$\Delta I/I$とすると，抵抗，電力の計算値に含まれる誤差率$\Delta R/R$，$\Delta P/P$は次のように表されます．

$$\frac{\Delta R}{R} = \frac{\Delta V}{V} - \frac{\Delta I}{I}$$

$$\frac{\Delta P}{P} = \frac{\Delta V}{V} + \frac{\Delta I}{I}$$

式にみるように測定器の読みに含まれる誤差が計算された抵抗，電力の値に伝搬されることになります．

正規分布

同じ電圧や電流をくり返し測定したとき，測定値はある範囲に分布します．測定値に対してその発生度数をグラフにすると，図2.1のようなつりがね型になりますが，このような分布を正規分布（またはガウス分布）と呼びます．測定値がばらつく原因は，測定器のもつ誤差や個人の読み取り誤差などがあるからです．測定値をx_i，測定回数をnとすると，平均値$\overline{x}$と標準偏差σは下式で表されます．

$$\overline{x}=\frac{\sum_{i=1}^{n}x_i}{n} \qquad \sigma=\sqrt{\frac{\sum_{i=1}^{n}(x_i-\overline{x})^2}{n}}$$

正規分布では，図中の$\overline{x}\pm 3\sigma$の範囲に測定値が発生する確率は99.7%になります．平均値$\overline{x}$，標準偏差σは測定データを整理，応用するうえで大切な数値です．

▼図2.1　正規分布

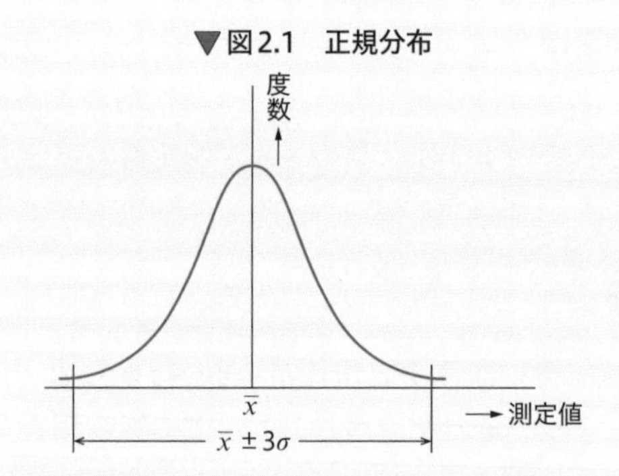

Q11 演習問題

（問題1） フルスケール100V，0.5級の電圧計を用いて，80Vと20Vの電圧を測定した．それぞれの測定値に含まれる誤差率は最大で何%になるか．

解説》》》 フルスケール100V，0.5級の電圧計の誤差率は0.5%であるから，測定値に含まれる誤差は100Vの0.5%，すなわち0.5Vになる．したがって

80Vの測定値の誤差率　$\dfrac{0.5}{80} \times 100 = 0.63\%$（最大）

20Vの測定値の誤差率　$\dfrac{0.5}{20} \times 100 = 2.5\%$（最大）

解答　80Vの測定値の誤差率：0.63%（最大），20Vの測定値の誤差率：2.5%（最大）

（問題2） 起電力1.5V，内部抵抗0.6Ωを有する電池の電圧を内部抵抗100Ωの電圧計で測定した．このときの電圧計の指示〔V〕はいくらか．また，指示の誤差率は何%か．

解説》》》 右図で電圧計に印加されている電圧が電圧計の指示になるから

$$\frac{100}{100 + 0.6} \times 1.5 = 1.49\text{V}$$

したがって誤差率は真値が1.5Vだから

$$\frac{1.49 - 1.5}{1.5} \times 100 = -0.67\%$$

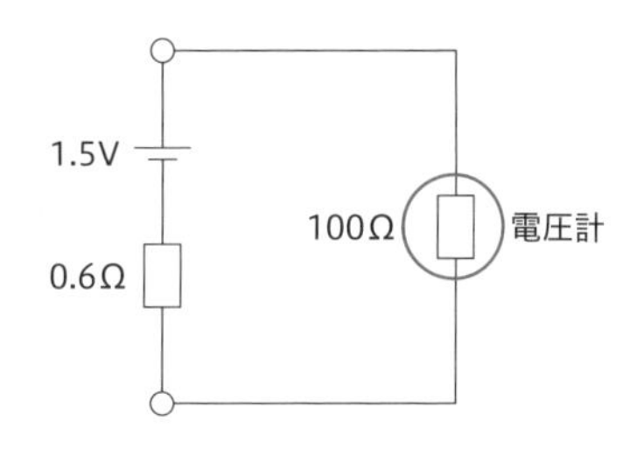

解答　電圧計の指示：1.49V，誤差率：－0.67%

（問題3） 図に示す測定回路で電圧計の測定値の誤差率の絶対値を1%以内にしたい．電圧計の内部抵抗R〔MΩ〕はいくらであればよいか．

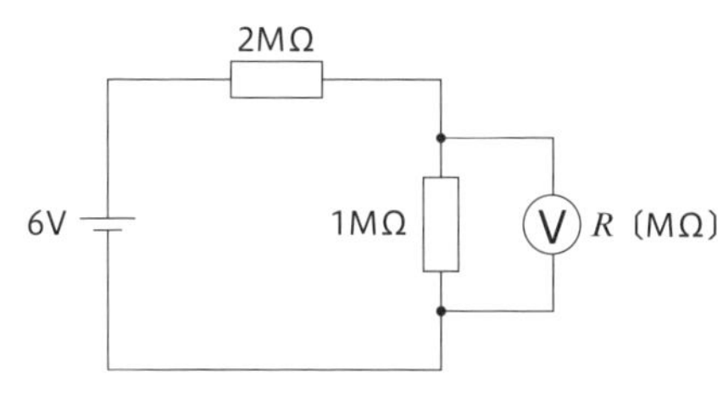

第2章 現場で必要な電気の測定

解説>>> 図において電圧計の測定値は

$$\frac{\dfrac{R}{1+R}\times 6}{2+\dfrac{R}{1+R}}=\frac{6R}{2+3R}\ \text{〔V〕}$$

また，2MΩと1MΩの直列回路における1MΩの両端の電圧である2Vが測定の真値に相当する．次に電圧計の測定値の誤差率の絶対値を1%以内にしたいのだから

$$\left|\frac{\dfrac{6R}{2+3R}-2}{2}\right|\leqq 0.01$$

が成り立つ．上式を整理して，絶対値記号を取れば

$$\frac{2}{2+3R}\leqq 0.01$$

これを解いて $R\geqq 66\text{M}\Omega$

解答　$R\geqq 66\text{M}\Omega$

アナログ測定器とデジタル測定器の違いは？

筆者 最近はデジタル測定器が多くなったね．私が電気エンジニアになった頃はすべてアナログ測定器だったんだが….

エネ子 私なんかはデジタルの世界で育ったようなもんですよ．

筆者 測定器の世界ではデジタル，アナログが共存しているね．それぞれの特徴があるから補完し合っているわけだね．

エネ子 そうですね．アナログは人間の脳の思考に合っているらしいですよ．だからアナログ測定器は絶対なくなりませんね．

A12

エネ子さんと筆者の会話にあるように，現在はアナログ測定器とデジタル測定器が補完し合って用いられています．それぞれの原理，特徴をよく把握してください．

1 アナログ測定器

測定すべき電圧，電流など被測定量の電力を使って指針を駆動する指示計器をアナログ測定器といいます．指針を駆動するトルクの発生原理から指示計器を分類すると表2.1のようにまとめられます．このうち直流の電圧，電流の測定には可動コイル形が，商用周波数の交流電圧，電流の測定には可動鉄片形が主に用いられています．また，分類された各指示計器の特徴を表2.2に示します．

表2.1　指示計器の分類

種　類	記　号	動作原理	使用周波数	指示値
可動コイル形		永久磁石の中に置かれた可動コイルの電磁力	DC専用	平均値
可動鉄片形	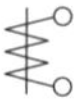	固定コイルの磁界内で磁化された可動鉄片の吸引または反発力	DC～1kHz	実効値
電流力計形	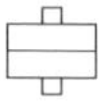	固定コイルの磁界内に置かれた可動コイルの電磁力	DC～1kHz	実効値
誘導形		移動磁界内に置かれた回転円板に生じるうず電流との間に生じる電磁力	商用周波数（電力量計として使用）	実効値
静電形		固定，可動電極間の静電力	DC～10kHz	実効値
整流形		交流電圧・電流を整流して直流とし可動コイル形で測定	AC専用～1MHz	平均値
熱電形		電流を熱線に流し，温度上昇を熱起電力として可動コイル形で測定	DC～10MHz	実効値

表2.2　指示計器の特徴

種類	特　徴	
	利　点	欠　点
可動コイル形	高感度で外部磁界の影響が小さい	直流専用である
可動鉄片形	構造が丈夫，安価である	直流の測定では鉄片のヒステリシスのため誤差を生じる
電流力計形	直流・交流の指示誤差が小さく，交直比較器に使用される	消費電力が大きい
誘導形	構造が丈夫，電力量計に使用される	温度，周波数の影響が大きい
静電形	直流・交流の指示誤差が小さい．高電圧の測定に適する	大型の測定器となる 駆動トルクが小さい
整流形	感度，周波数特性ともによい	交流専用で波形ひずみによる誤差が大きい
熱電形	直流から高周波まで使用でき，波形ひずみの影響がない	電気的過負荷に弱い

これら指示計器は，一般に構造が堅牢で安価であることから測定器のデジタル化が進んでいる現在でも携帯用，パネル用として用いられています．

2 デジタル測定器

デジタル測定器では被測定量を図2.2に示すように，まず直流電圧に変換します．次にA/Dコンバータ（アナログ信号をデジタル信号に変換する変換器）を用いてパルス量としてデジタル化し，LCDなどの表示器により数値表示します．

デジタル測定器はA/Dコンバータの精度を上げることにより，容易に高い分解能をもつ測定が可能になります．また，数値表示されるので，個人誤差，読取り誤差が発生せず，測定値の伝送，保存，加工が容易にできる特徴があります．最近は電圧，電流，抵抗などを1つの測定器のチャンネル選択で行えるデジタルテスタ（図2.3参照）が，現場では多く用いられています．

▼図2.2　デジタル測定器の原理

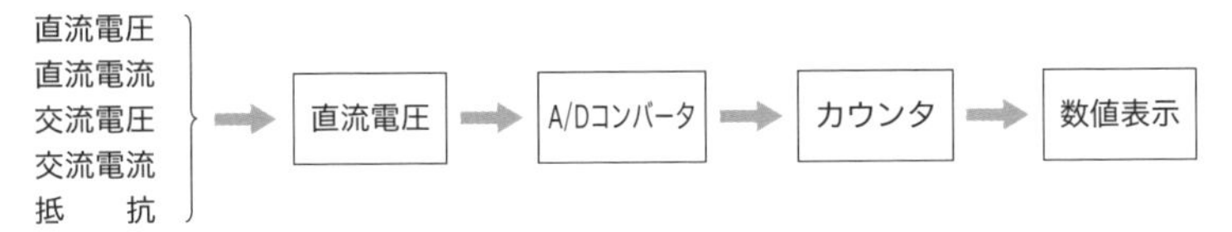

▼図2.3　デジタルテスタ

（画像提供：日置電機（株）　デジタルマルチメータDT4261）

chapter 2

Q13 電圧の測定法は？

筆者 これはDC150Vの電圧計と倍率器を使って，電気鉄道の架線の電圧（DC1,500V）を測定する例だが，（a），（b）どちらが正しい測定法だと思う？　もちろん，倍率器はDC1,500V測定用だが．

エネ子 倍率器というのは電圧計の測定範囲を拡げる抵抗器ですね．どちらも回路としては正しいと思いますが…？

筆者 （b）が正しいんだよ．電圧計のプラス端子にかかる対地電圧を見てごらん．（a）では1,500V，（b）では150Vだね．これは実際の話だが，（a）で測定をしたところ電圧計が対地間で絶縁破壊を起こし，測定者はアークで大やけどを負ったとのことだよ．

エネ子 なるほど．回路は正しくても測定器に印加される対地電圧を考えなければならないのですね．

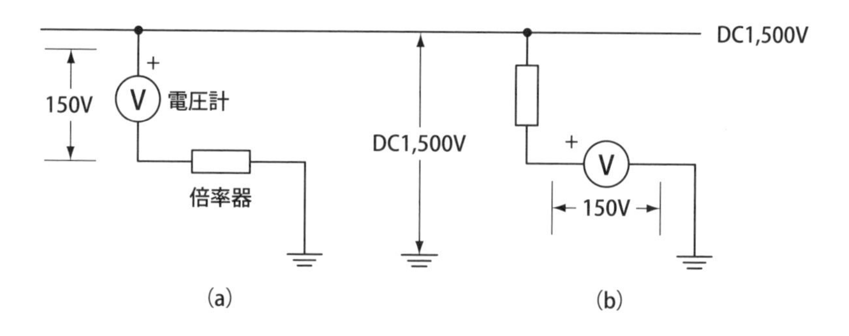

A13

上に述べた事故は，かつて筆者が電気エンジニアのひよっこだったころ，雑誌「新電気」（オーム社発行）に掲載された実話です．いまでも筆者にとっては貴重な教訓になっています．

1 電圧測定の基本

電圧計は図2.4に示すように，電圧を測定すべき線路に並列に接続します．また，測定誤差を少なくするために測定すべき値に近い測定レンジを選択します．

▼図2.4　電圧計の接続（電路に並列に接続）

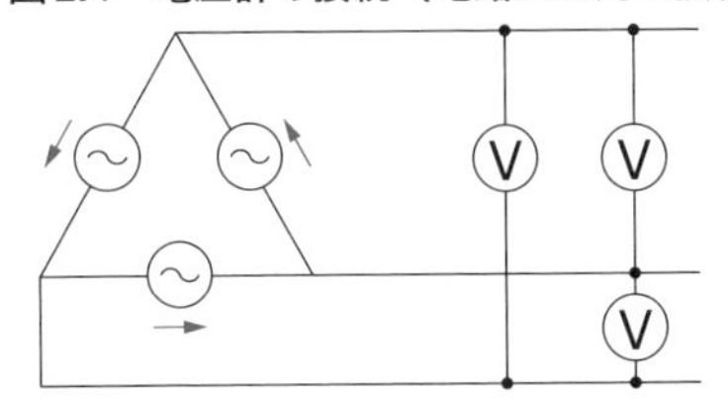

商用電圧の測定では問題になることはありませんが，電子回路の電圧測定では電圧計の内部抵抗が問題になることがあります．例えば，図2.5の測定回路で，電圧源の内部抵抗rが電圧計の内部抵抗r_vに近接していると，電圧計の指示に大きな誤差が生じます．このような場合は，入力抵抗の高い電子電圧計などを用いなければなりません．また，高周波，ひずみ波の測定に対しては測定誤差の発生しにくい測定器の選択が必要になります．

▼図2.5　内部抵抗（r）をもつ電圧源と電圧計の読み

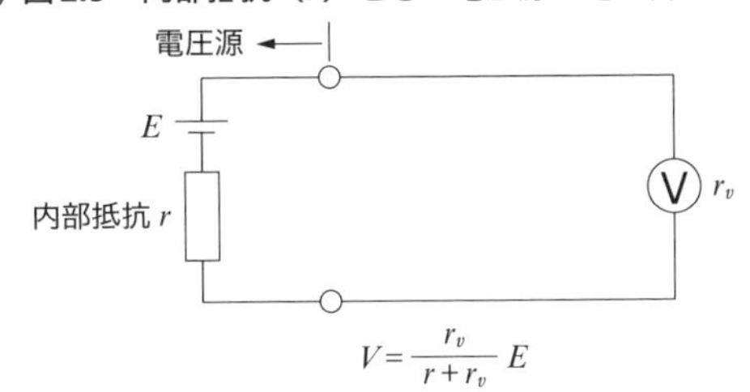

$$V=\frac{r_v}{r+r_v}E$$

2　測定範囲の拡大

2-1　直流電圧の測定

測定範囲の拡大には，図2.6に示す分圧器および倍率器が用いられます．いずれの場合にも電圧計の内部抵抗が正確に把握されていることが必要です．

2-2　交流電圧の測定

先に述べた分圧器，倍率器のほかに図2.7に示す計器用変圧器（Voltage-Transformer，略してVT），容量分圧器が用いられます．VTは測定器を回路から絶縁できるので，高圧，特別高圧の商用電圧測定に多く用いられます．

▼図2.6　分圧器と倍率器

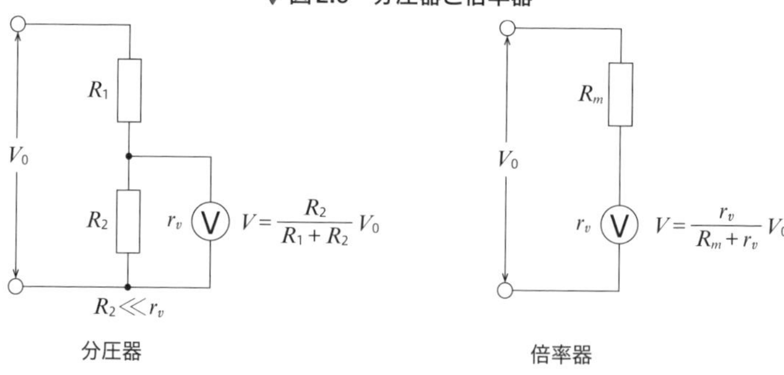

▼図2.7　計器用変圧器と容量分圧器

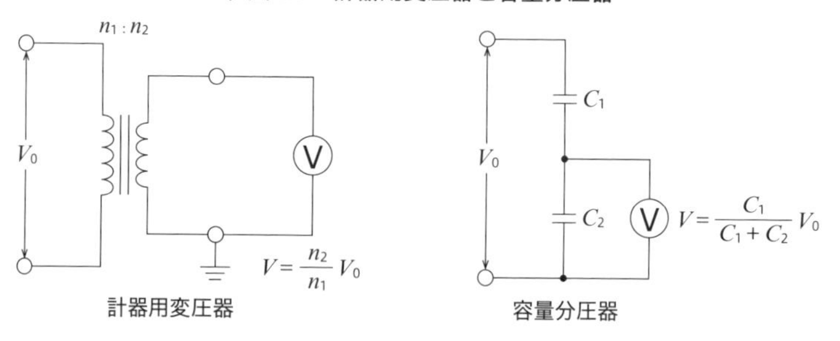

3 検電器

検電器は商用回路（高圧，低圧）の電路が充電されているか否か（生きているか，死んでいるか）を直接チェックするためのハンディ機器です（図2.8参照）．人が検電器の先端部を充電された電路に接触させる（または接近させる）とき，人体を通して対地に流れる微小な漏洩電流を検出し，光と音で充電を知らせるもので，高圧，低圧専用または両者共用の製品が市販されています．

電路に直接触れる危険性のある作業をする場合は，安全確保の観点から必ず検電器を使い，事前に電路の充電の有無を確認しておかなければなりません．

▼図2.8　検電器（低圧用）

（画像提供：共立電気計器（株）
低圧用検電器 KEW5712）

電流の測定法は？

（エネ子）電流を測定するときは，電流計を回路に直列に接続するのですね．そうすると，接続するときには必ず回路をオフ（開放）しなければなりませんね．

（筆者）もちろんそうだよ．

（エネ子）その手間をはぶける電流計があると便利だと思うのですが…．

（筆者）クランプ型電流計がそれだよ．回路の一線を電流センサで挟むことで活線状態で電流の測定ができるんだ．メンテナンスには欠かせない測定器だね．

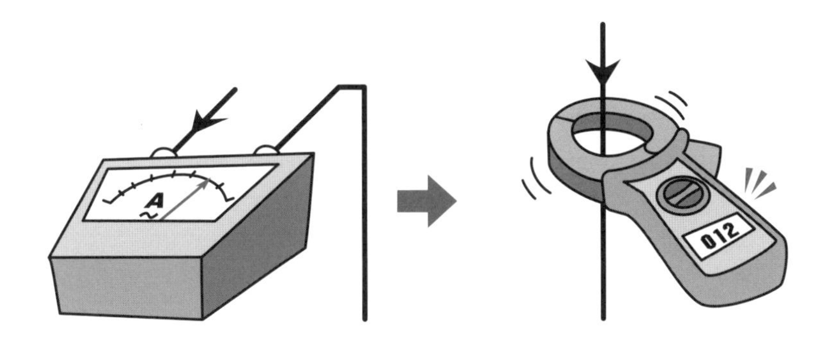

A14

上の会話に出てきたクランプ型電流計は大変便利な機器ですが，活線状態で測定を行うので，安全には十分な注意が必要です．

1 電流測定の基本

電流計は図2.9に示すように電流を測定すべき線路に直列に接続します．また，測定誤差を少なくするために測定すべき値に近い測定レンジを選択します．

間違えて電流計を回路と並列に接続してしまうと，電流計は内部抵抗が極めて小さいので回路が短絡状態になります．危険なので十分注意してください．

▼図2.9　電流計の接続（電路に直列に接続）

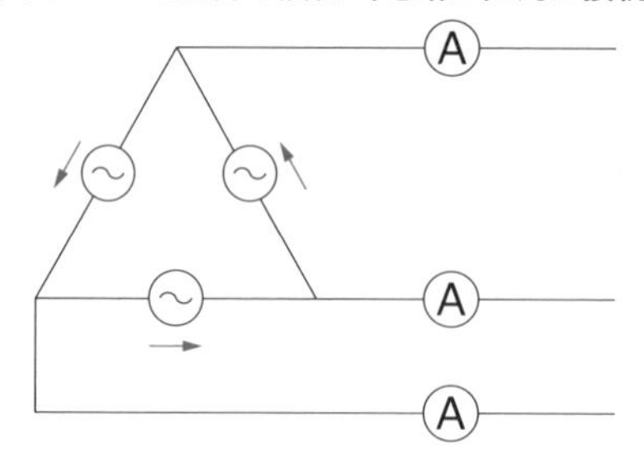

2 測定範囲の拡大

2-1 直流電流の測定

電流計の測定範囲の拡大には，図2.10（a）に示すような分流器が用いられます．実際のところ，電流計の内部抵抗は極めて小さい値なので，安定な微小抵抗を有する分流器を入手することが難しい場合があります．このようなときには，同図(b)のように回路に直列に既知の微小抵抗Rを接続して抵抗両端の電圧降下Vを測定し，これをRで除して電流を求めることができます．

▼図2.10　電流測定範囲の拡大

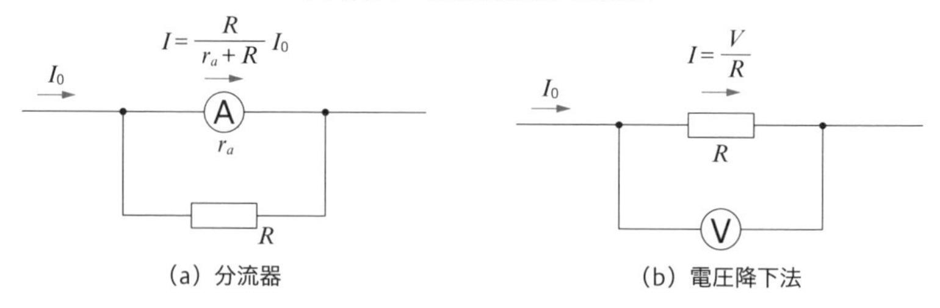

（a）分流器　（b）電圧降下法

2-2 交流電流の測定

上記の方法のほか，図2.11に示す計器用変流器（Current Transformer，略してCT）が用いられます．CTは1次側の回路から測定器を絶縁できるので，商用回路の電流測定に多く用いられます．なお，図2.12のようにCTに1次電流が流れている状態で2次回路を開放すると，1次電流がすべてCTの励磁電流となり，磁路が飽和してCTの過熱や2次回路にパルス状の高電圧が発生します．したがって，1次側が通電中のCTの2次側を開放する必要のあるときは，あらかじめ2次側を短絡しておかなければなりません.

▼図2.11　計器用変流器

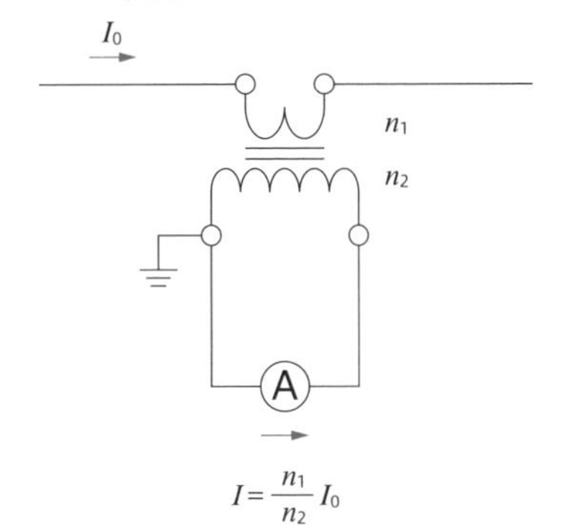

▼図2.12　CT2次側開放時の注意

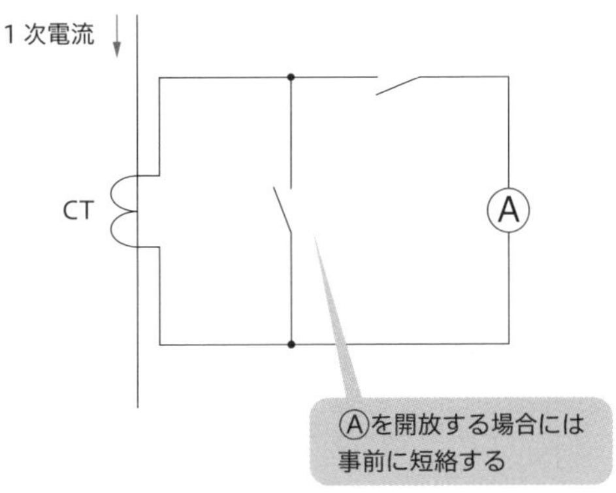

3 クランプ型電流計

CTの応用製品として，図2.13に示すような交直両用のクランプ型電流計が現場では多く用いられます．電流計先端のCTを構成しているクランプで，各相ごとの電線をはさみこんで電流を計測します．クランプ型電流計は，回路を開放して電流計を接続することなく回路電流の測定ができるので，装置のメンテナンスに欠かすことができない測定器です．クランプ型電流計には低圧用，高圧用があります．

▼図2.13　クランプ型電流計

（画像提供：三和電気計器（株）　クランプメータDCL31 DRBT）

Q13 Q14 演習問題

問題1 最大目盛150V，内部抵抗10kΩの直流電圧計を用いて，最大600Vの直流電圧まで測定したい．このとき外部に接続する倍率器の抵抗値〔kΩ〕を求めよ．

解説》》》 下図に示すように，倍率器R〔kΩ〕を有する図の回路に600Vの電圧を加えたとき，10kΩの両端の電圧が150Vであればよいので

$$\frac{10}{10+R}\times 600=150$$

これを解いて，$R=30$kΩ

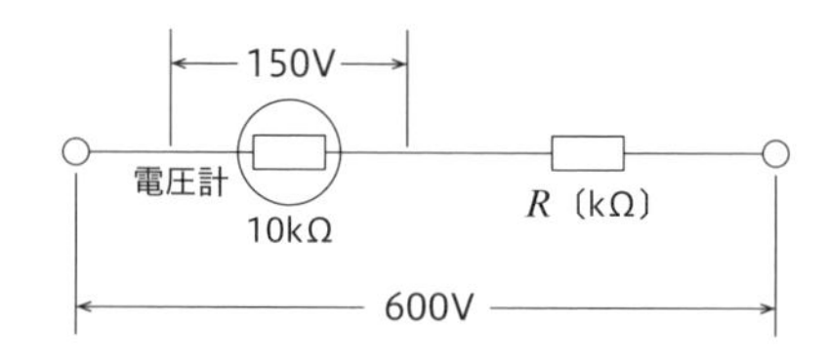

解答　30kΩ

問題2 最大目盛50mV，内部抵抗10Ωの直流電圧計と分流器を用いて10mAの電流計をつくりたい．分流器の抵抗〔Ω〕をいくらに選べばよいか．

解説》》》 下図に示すように，R〔Ω〕の分流器をもつ図の回路に10mAの電流が流れ込んだとき，10Ωの両端の電圧が50mVになればよいので

$$\frac{10R}{10+R}\times 10\times 10^{-3}=50\times 10^{-3}$$

これを解いて，$R=10$Ω

解答　10Ω

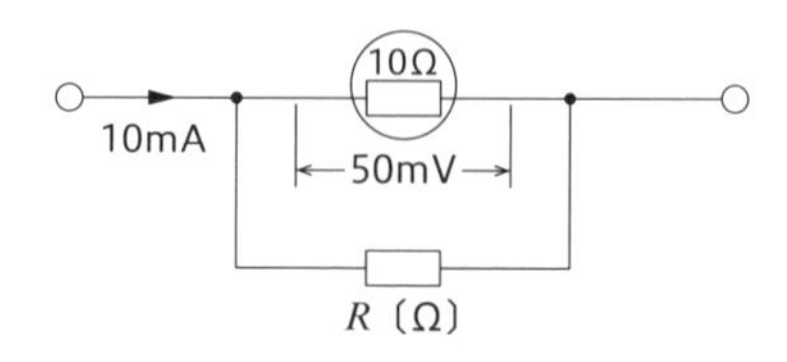

（問題3）変流比30A：5AのCTの2次側に交流電流計を接続したところ，その指示が2Aであった．このときCTの1次電流〔A〕はいくらか．

解説>>> CTの1次電流をI〔A〕とすると

$$30:5=I:2$$

が成り立つから$I=12$A

解答　12A

chapter 2

Q15 ホイートストン・ブリッジってなに？

エネ子＞ 電気には＊＊ブリッジという表現がよく出てきますね．

筆者▶ そうだね．回路図に書くと，ちょうど抵抗が橋のように見えるからブリッジというんだよ．その基本になるのがホイートストン・ブリッジというわけだ．

エネ子＞ ホイートストン・ブリッジは抵抗測定に使われるのですね．

筆者▶ そうそう．でも今はデジタル測定器で簡単に抵抗値の測定ができるけれど，その原理はいろいろな分野の測定に応用されているんだ．あとでその例を紹介しよう．

A15

ホイートストン・ブリッジの原理は簡単ですが，大変優れたものです．その原理は多くの分野で応用されています．ここでは2つの応用例について解説します．

1 ホイートストン・ブリッジの原理

図2.14のように4つの抵抗が橋（ブリッジ）のように接続されている回路をホイートストン・ブリッジと呼びます．回路中のⒼは検流計で微小な電流を検出する電

流計です．いま$I_g=0$，つまりa，b間の電位差が0であるときには

$$\frac{R_2}{R_1+R_2}=\frac{R_4}{R_3+R_4}$$

が成り立つので

$$R_1R_4=R_2R_3 \quad \cdots\cdots (2\cdot2)$$

の関係が得られます．このように，ホイートストン・ブリッジで相対する2辺の抵抗の積が等しい状態を平衡状態といいます．式(2·2) のR_1からR_4のうち1つの抵抗値が未知であるとき，ブリッジが平衡状態になるよう残り3つの抵抗値を決めれば，未知の抵抗の値を求めることができます．

現在では，ホイートストン・ブリッジは抵抗値測定に用いられることはなくなりましたが（デジタルテスタで大抵の抵抗値測定は可能です），その原理は次の応用例に述べるように計測の分野に幅広く利用されています．

▼図2.14　ホイートストン・ブリッジ

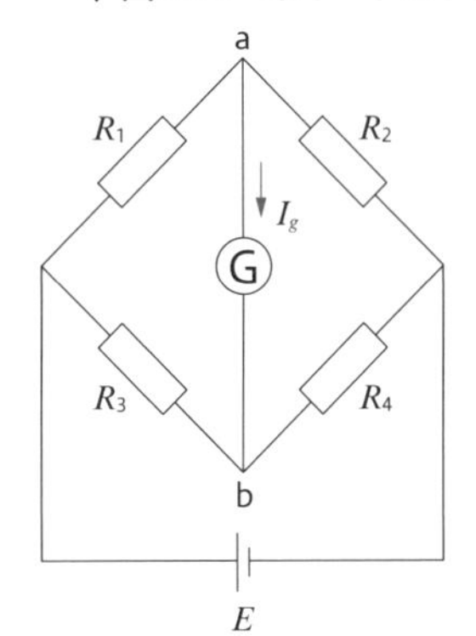

平衡条件
$R_1R_4=R_2R_3$

2 ホイートストン・ブリッジの応用例

2-1 抵抗値変化の検出

温度センサや圧力センサにおいて，センサの抵抗値の変化をそれに比例する電圧変化に変換できれば，電圧計を用いて温度や圧力の変化を表示することが可能になります．ホイートストン・ブリッジの応用例として，図2.15のブリッジを調べてみましょう．平衡状態にあるブリッジにおいて，1辺の抵抗がRから$R+\Delta R$（ただし，$R\gg\Delta R$とする）に変化したとき，電圧計の指示ΔVは電圧計に流れ込む電流を無視すると

$$\Delta V = -\frac{\Delta R}{4R} V_0$$

と表されます.

上式からわかるように，図の回路を用いればセンサの抵抗変化ΔRに比例する電圧変化ΔVを得ることができるので，温度や圧力の変化を電圧計を用いて表示することができます.

▼図2.15　抵抗値変化の検出

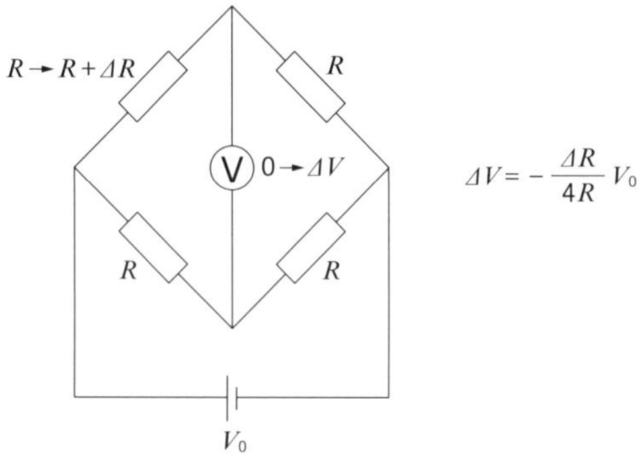

$R \to R + \Delta R$　R　R　R　V　$0 \to \Delta V$　V_0

$$\Delta V = -\frac{\Delta R}{4R} V_0$$

2-2 自動平衡回路

図2.16に示す自動平衡回路は，図2.15の原理をさらに進めて，ブリッジに現れた電圧を検出，増幅し，サーボ機構を用いてブリッジの抵抗を変化させ，再度平衡点を求める回路です．これにより微小な抵抗変化を感度よく計測することができるので，自動記録装置として利用されています.

▼図2.16　自動平衡回路

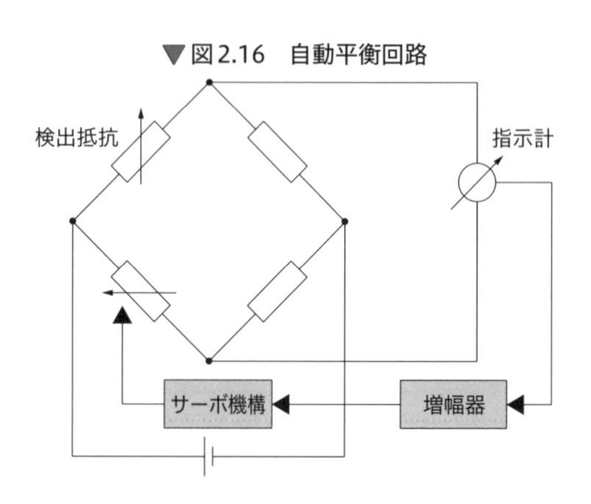

chapter 2 Q16 電力の測定法は？

エネ子 直流の電力は電圧計と電流計で測れますよね？

筆者 もちろんだよ．

エネ子 交流の電力測定では電圧，電流に位相差があるから電圧計，電流計で電力は測れないのですか？

筆者 それができるんだよ．先人はいろいろ考えたんだね．3つの電圧計と抵抗，または3つの電流計と抵抗で単相回路の電力測定ができるんだ．これを3電圧計法，3電流計法というんだよ．

A16 最近では，電力測定の分野でもデジタル式の測定器が多く使用されています．デジタル測定器は，収録されたデータがパソコン上で処理できるのでとても便利です．

1 直流電力の測定

直流電力の測定は図2.17に示すように電圧計，電流計を用いますが，負荷の電力Pは電圧計，電流計の読みの積VIから図にあるように測定器の内部抵抗による電力損失分を差し引かねばなりません．

▼図2.17　電圧計，電流計による直流電力測定

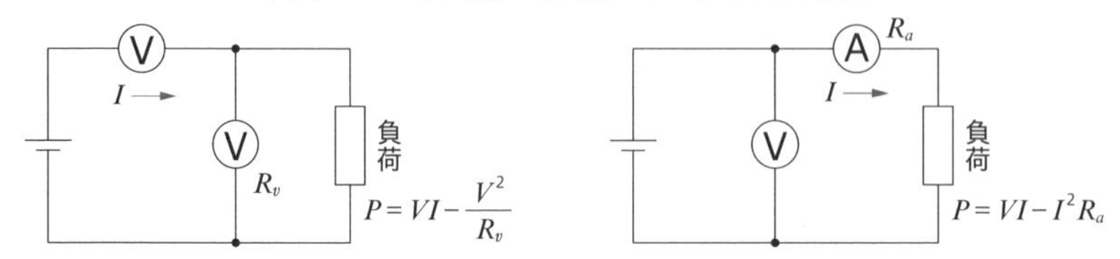

2 交流電力の測定

2-1 単相交流電力の測定

単相交流電力の測定は，電流力計型電力計や図2.18（a）に示す3電圧計法，または同図（b）に示す3電流計法が用いられます．3電圧計法，3電流計法による負荷の電力Pは電圧計，電流計の内部抵抗の影響がないものとすれば，それぞれ次式で表されます．

$$\left.\begin{aligned} P&=\frac{1}{2R}(V_1^2-V_2^2-V_3^2) \\ P&=\frac{R}{2}(I_1^2-I_2^2-I_3^2) \end{aligned}\right\} \quad \cdots\cdots (2\cdot3)$$

▼図2.18　3電圧計法，3電流計法による電力測定

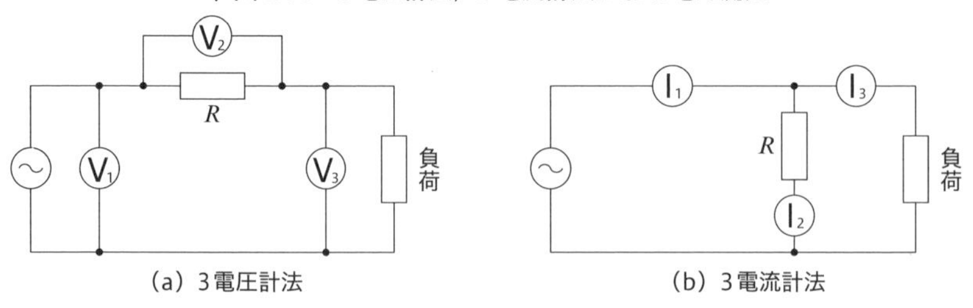

（a）3電圧計法　（b）3電流計法

2-2 三相交流電力の測定

図2.19に示すように，三相交流負荷の電力は2つの電力計の測定値P_1，P_2の和として求められます（この測定法を2電力計法といいます）．図において負荷力率を$\cos\phi$とすると，P_1，P_2は次式で表されます．

$$P_1=V_{ab}I_a\cos(30°+\phi)$$

$$P_2 = V_{bc} I_c \cos(30° - \phi)$$

ここで，電源，負荷ともに平衡で，$V_{ab} = V_{bc} = V$，$I_a = I_c = I$とすれば，三相電力は

$$P_1 + P_2 = \sqrt{3} VI \cos\phi \quad (2·4)$$

また，$P_2 - P_1 = VI \sin\phi$となりますから，三相無効電力は

$$\sqrt{3}(P_2 - P_1) = \sqrt{3} VI \sin\phi \quad (2·5)$$

として求められます．

▼図2.19　2電力計法による三相電力測定

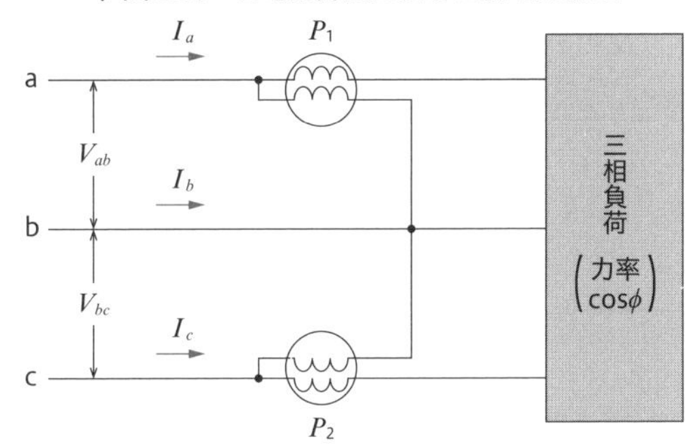

近年は，2電力計法の原理を用いたデジタル型電力量モニタが多く用いられます（図2.20参照）．付属のメモリチップに長期間の電力量，電圧，電流，力率など必要な情報を記録させ，パソコン上で簡単にグラフ化処理ができるので，省エネなどに使用するデータの収集に便利です．

▼図2.20　デジタル型電力量モニタ

（画像提供：オムロン ソーシアルソリューションズ（株）　スマート電力量モニタKM50-C）

Q15 Q16 演習問題

（問題1）図に示すホイートストン・ブリッジが平衡状態にあるとき，抵抗 R〔Ω〕はいくらであればよいか．また，このとき電源端子からみた合成抵抗〔Ω〕はいくらか．

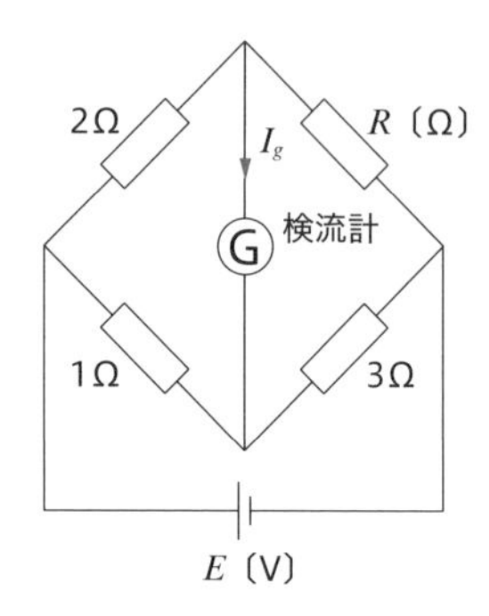

解説>>> ホイートストン・ブリッジの平衡状態の関係式（2.2）から

$$2\times3=1\times R$$

したがって，$R=6\Omega$ であればよい．

ブリッジが平衡状態にあるときは $I_g=0$，つまりa-b間は開放されている状態と等価である．したがって，電源からみた合成抵抗は $2\Omega+6\Omega=8\Omega$ と $1\Omega+3\Omega=4\Omega$ とが並列に接続された値になるから，2.67Ωと計算される．

解答　$R=6\Omega$，電源から見た合成抵抗：2.67Ω

（問題2）図2.19で示した2電力計法で，三相交流回路の電力を測定したところ $P_1=$ 3kW，$P_2=5$kWであった．回路の有効電力〔kW〕，無効電力〔kvar〕および力率を求めよ．

解説>>> 式（2·4）から有効電力は $3+5=8$kW，無効電力は $\sqrt{3}\times(5-3)=3.46$kvar．

力率は $\dfrac{8}{\sqrt{8^2+(2\sqrt{3})^2}}=0.92$ と算出される．

解答　有効電力：8kW，無効電力：3.46kvar，力率：0.92

（問題3）AC 6,600Vの受電点の電力量を測定するため図のようなVT，CTおよび電力トランデューサを設けた．VTの変圧比は6,600V/110V，CTの変流比は200A/5Aである．また，電力トランスデューサは電力量をパルス出力に変換する機能をもち，そのパルス定数は10,000パルス/kW·hである．

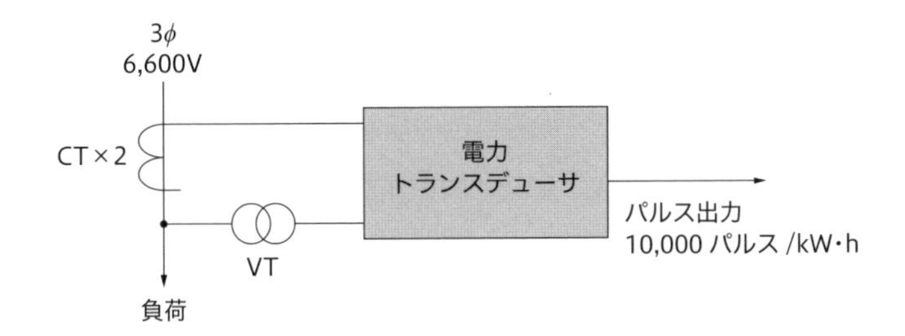

（1）この測定回路のVCT比（VT変圧比×CT変流比）はいくらか．

（2）電力トランデューサの出力パルスが5時間で12,000パルスであったとき，受電点の平均電力〔kW〕はいくらか．

解説》》》（1）VTの変圧比は6,600/110＝60，CTの変流比は200/5＝40だから，VCT比は60×40＝2,400.

（2）受電点の平均電力をP〔kW〕とすると，VCT比は2,400だから

$$\frac{5P}{2{,}400}\times 10{,}000 = 12{,}000$$

が成り立つ．これから$P = 576$kW.

解答（1）VCT比：2,400　（2）平均電力：576kW

Q17 絶縁抵抗とは？

エネ子 定期的に絶縁抵抗を測定するのはなぜですか？

筆者 絶縁抵抗は機器や電路の健康診断だね．だから絶縁抵抗が正常な値を保っていれば，その機器や電路はまず安心といえるわけだ．

エネ子 でもそのときの天気で絶縁抵抗の値が変わりますね．

筆者 そうそう，絶縁抵抗は湿気と関係があるんだよ．とくに雨の日に測定する対地絶縁抵抗は晴天時より1桁下がることもしばしばだね．例えば，モータ巻線の絶縁物や端子部分の樹脂が吸湿するなどの理由でね．

電気エンジニアにとって絶縁抵抗の測定は最もなじみ深いものの1つです．ここでは実際の回路を用いて絶縁抵抗の意味から説き起こします．

1 絶縁抵抗とは

絶縁抵抗には，電路や機器と大地間の対地絶縁抵抗と電路間の線間絶縁抵抗の2つがあります．絶縁抵抗の測定には対地，線間の容量性リアクタンスが含まれないよう直流を用います．図2.21に示す電磁開閉器，ケーブル，モータからなる回路を例に絶縁抵抗を調べてみましょう．

▼図2.21　絶縁抵抗の構成

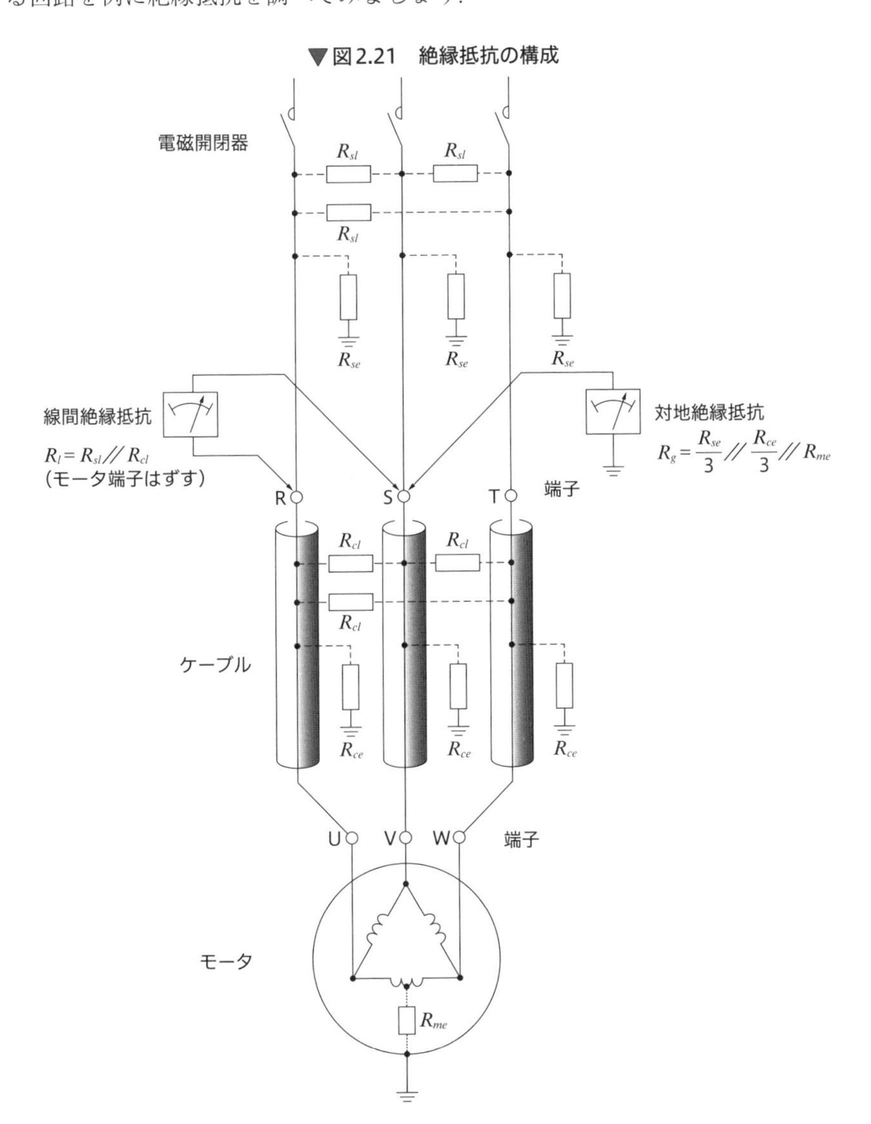

対地絶縁抵抗は同図に示すように

① 電磁開閉器の対地絶縁抵抗：R_{se}

② ケーブル心線の対地絶縁抵抗：R_{ce}

③ モータ巻線の対地絶縁抵抗：R_{me}（3相一括対地間）

から成り立っています．いま図のように電磁開閉器の2次側の1端子から対地絶縁抵抗R_gを測定すると

$$R_g = \frac{R_{se}}{3} // \frac{R_{ce}}{3} // R_{me} \qquad \text{（//は並列合成抵抗を表す）}$$

と表されます．

次に線間絶縁抵抗の測定ですが，同図で電磁開閉器の2次側から線間絶縁抵抗を測定しようとすると，モータの巻線抵抗で線間が短絡されてしまい，絶縁抵抗は0となってしまいます（一般に線間に負荷が接続された状態で線間絶縁抵抗を測定すると測定器の指示は0になります）．そこで，モータ端子U，V，Wで配線をはずし，電磁開閉器の2次側から線間絶縁抵抗を測定します．図から

④ 電磁開閉器の線間絶縁抵抗：R_{sl}

⑤ ケーブル心線の線間絶縁抵抗：R_{cl}

とすると線間絶縁抵抗R_lは

$$R_l = R_{sl} // R_{cl}$$

と表されます．

上のR_g，R_lの式からわかるように，測定される絶縁抵抗は電路，機器各部の絶縁抵抗の並列合成抵抗になるので，並列に接続される絶縁抵抗のうち，最も小さな値が測定値として表れます（たとえば，100MΩと1MΩの絶縁抵抗が並列に接続されれば合成絶縁抵抗は約1MΩとなります）．また，絶縁抵抗の測定に当たっては，どの範囲の電路，機器の絶縁抵抗を測定しているのか図面などで確認しながら実施するよう心がけてください．なお，低圧回路の対地，線間の絶縁抵抗値は開閉器などで区分された回路ごとに「技術基準」によって，表2.3のように定められています．

表2.3　低圧回路の絶縁抵抗値

電路の使用電圧の区分		絶縁抵抗値MΩ
300V以下	対地電圧150V以下	0.1以上
	対地電圧150V超過	0.2以上
300V超過		0.4以上

2 絶縁抵抗計

絶縁抵抗計は，一般にはメガー（Megger）と呼ばれるハンディ測定器です（図2.22参照）．原理は内蔵のバッテリ電圧をDC/DCコンバータ（直流電圧変換器）を用いて昇圧し，この直流高電圧を測定プローブから線路，機器端子と対地間または線間に印加し，その漏洩電流から絶縁抵抗を表示するしくみになっています．一般に低圧電路，機器に対しては500Vメガーを用い，高圧電路，機器に対しては1,000Vメガーを用います．

なお，最近の低圧回路では半導体を使用した機器やアブソーバ機能付きのOAコンセントなどが用いられることが多く，500Vの測定電圧が使用できないケースが多くあります．このような場合には，回路電圧に近い電圧（100V回路では125V，200V回路では250V）を用いて絶縁抵抗を測定します．

▼図2.22　絶縁抵抗計

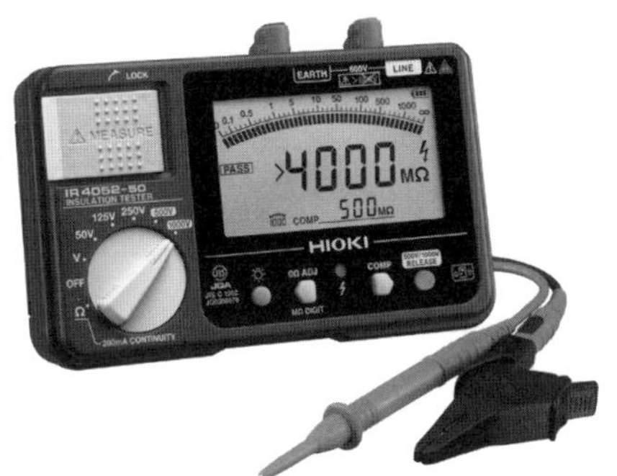

（画像提供：日置電機（株）　絶縁抵抗計IR4052-50）

3 漏洩電流

電路や機器は絶縁抵抗が正常であっても，交流電路では対地間に存在するキャパシタンスを通して線路から大地に向かう漏洩電流が常に流れています．電路や機器の対地間は，図2.23に示すように対地絶縁抵抗R_gと対地キャパシタンスによる容量性リアクタンスX_cの並列回路として表すことができます．

表2.4は，3心600V CVケーブル（架橋ポリエチレンケーブル：低圧動力用として汎用的に用いられるケーブル）を200V，60Hzの電路に用いたときのケーブル長1km当たりの漏洩電流を示したもので，$R_g \gg X_c$の関係から漏洩電流のほとんどはX_cを介して流れていることになります．

▼図2.23　交流電路の対地等価回路

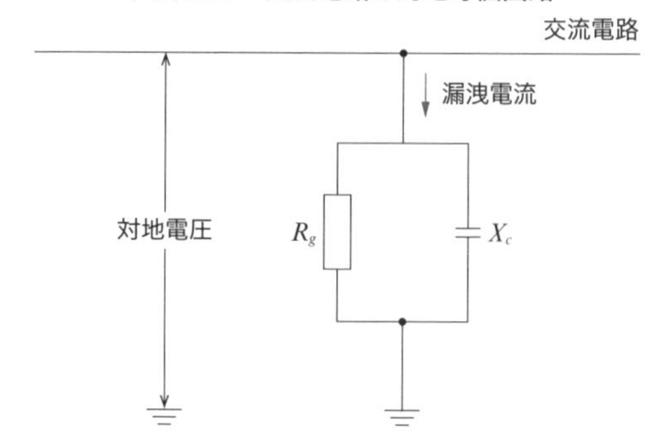

表2.4　3心600V CVケーブルの静電容量，絶縁抵抗と漏洩電流

電線サイズ〔mm²〕	1km当たりの静電容量〔μF〕	1km当たりの絶縁抵抗〔MΩ〕	1km当たりの漏洩電流〔mA〕
5.5	0.251	2,500	32.8
8	0.289	2,500	37.7
14	0.368	2,500	48.1
22	0.380	2,500	49.6
30	0.426	2,500	55.6
38	0.486	2,000	63.5
50	0.486	2,000	63.5
60	0.486	2,000	63.5
80	0.535	2,000	69.9
100	0.535	1,500	69.9
150	0.563	1,500	73.5
200	0.563	1,500	73.5
250	0.573	1,500	74.8
325	0.649	1,000	84.8
400	0.718	1,000	93.8
500	0.718	900	93.8

注）漏洩電流は200V 60Hz時の値を表す．

接地抵抗とは？

エネ子　接地抵抗って大地のどの部分の抵抗をいうのですか？　私は大地の抵抗はゼロと思っているのですが….

筆者　接地抵抗とは，接地極が埋設されている近くの大地の抵抗といえばよいのかな．大地も土地の状態によって違うが，ある抵抗率をもっているんだよ．

エネ子　そうすると乾燥した土地と水分の多い土地では接地抵抗が違うのですね．

筆者　うん，そうだ．乾燥した土地では規定の接地抵抗を得るために，いろいろ工夫が必要になるんだよ．

A18

接地抵抗とは大地のどの部分の抵抗を表しているのか，読者の方は疑問をもたれるかと思います．ここでは接地極から大地に電流を流し，大地における電圧降下から接地抵抗がどのように定義されるか調べてみましょう．

1 接地抵抗とは

図2.24（a）に示すように接地極P_1に対し，10m以上離れて埋設された補助接

地極P_3の間に交流電流Iを流します．ここで交流を用いる理由は，大地に含まれる水分で電気分解が起こることを防ぐためです．この状態で移動接地極P_2を用いてP_1からの距離xに対するP_1, P_2間の電圧Vを測ります．その結果を同図（b）に示しますが，P_1，P_3の中間部では電流は同図（c）のように大地の中を広がって流れるので，電圧降下は小さくなり（b）における電圧Vの平坦部が生じます．この平坦部の電圧をV_xとするとき，接地極P_1の接地抵抗はV_x/Iとして求めることができます．

▼図2.24　接地抵抗の求め方

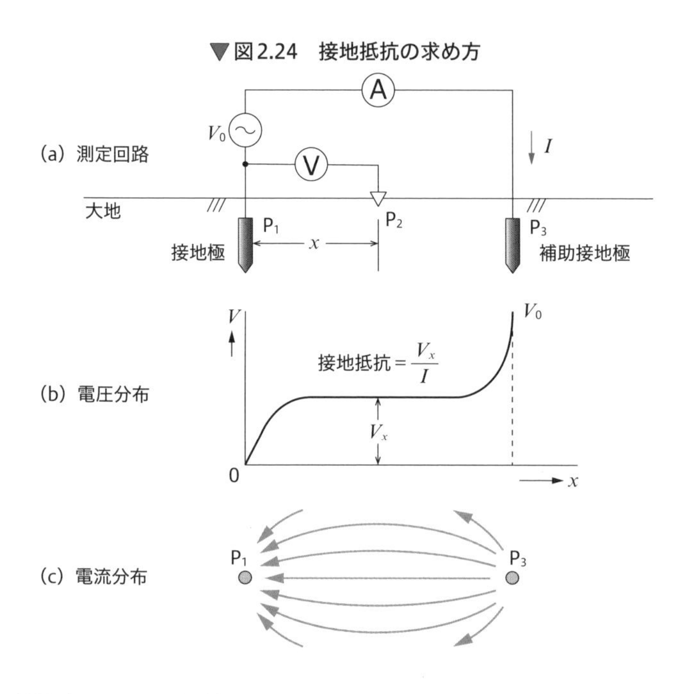

大地の抵抗率は地中の状態によって異なりますので，接地抵抗は乾燥した土地と水分の多い土地ではかなり異なります．乾燥した土地では，1つの接地極では規定の接地抵抗が得られにくいので，複数の接地極を並列に接続したり，接地極をループに接続することが行われます．

2 接地極

実際の接地極としては，図2.25に示すように板状電極（厚さ1.5mmまたは2mm，90cm平方または100cm平方の銅板），または棒状電極（直径14mm，長さ1.5mの銅被覆鋼棒）が用いられます．棒状電極は接地抵抗を下げるために土中深く埋設できるよう，縦に複数本接続できる構造になっています．

▼図2.25　接地極の実例

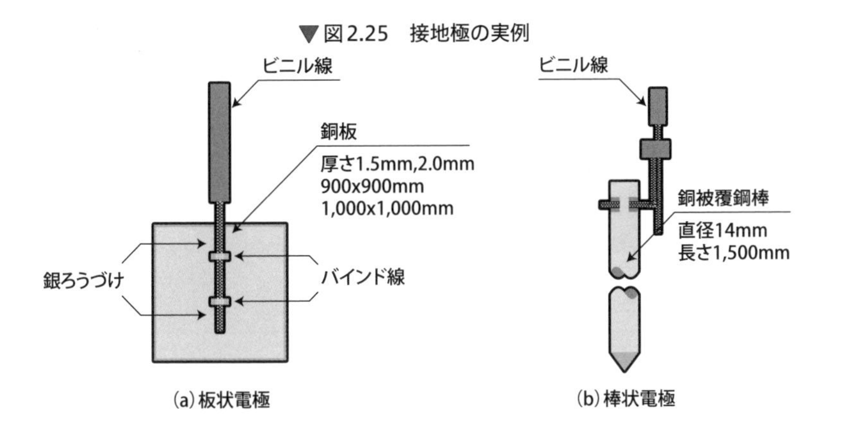

3 接地抵抗測定器

図2.26に接地抵抗測定器の原理を示します．測定器は交流電源を内蔵しており，変流器を用いて接地極に電流を流し，可変抵抗で検流器Ⓓに電流が流れない点のR_sを求めます．このとき補助接地極2には電流が流れていないので，求める接地抵抗をRとすると

$$niR_s = iR$$

が成り立ちますので，Rは

$$R = nR_s$$

となります．この方式ではR_sの目盛を工夫すれば接地抵抗Rを直読することができます．なお，接地抵抗測定に当たっての接地極と補助接地極，補助接地極間の距離は一般に10m以上あればよいとされています．

▼図2.26　接地抵抗測定器

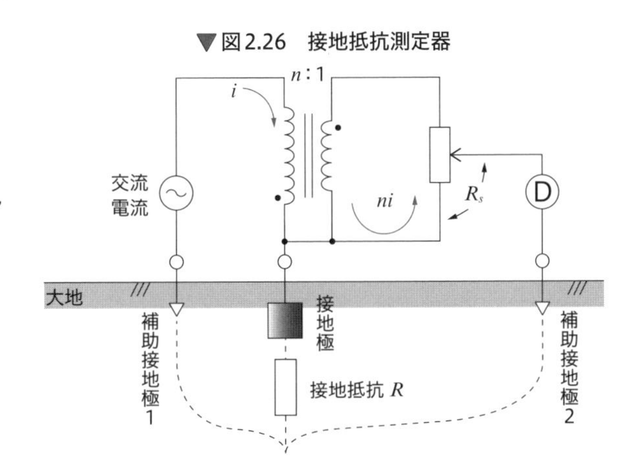

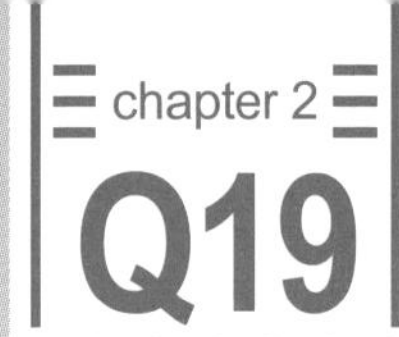

漏電の検出は？

エネ子 漏電の検出はどのようにやるのですか？

筆者 うん．ZCT（零相変流器）というCTの一種を用いて，例えば単相2線回路では電路の行きと帰りの電流の違いを漏電として検出させるんだ．

エネ子 そんな器用なことができるんですか？

筆者 それができるんだよ．ZCTで電流の違いを磁気的に検出するわけだが，詳しく説明しよう．

A19

漏電を検出し，回路を遮断する漏電遮断器（ELCB）が実用化されてから，漏電による人的，物的災害の発生頻度は大きく減少しました．ここでは漏電の検出原理と漏電遮断器の種類，使用法について解説します．

1 漏電の検出方法と漏電遮断器

図2.27（a）は，零相変流器（ZCT）を用いた単相2線式回路の漏電検出の原理を示したものです．図では往復2本の線がZCTを貫通していますが，いま電路（充

電側）に漏電が発生すると，漏電電流 i_g は大地を通りB種接地部から電源に戻ることになります．したがって，ZCTを貫通する往路の電流は i_L+i_g，復路の電流は i_L となるので，ZCTには往路，復路の電流の差 i_g による磁界が発生し，2次巻線に電圧 v_g が発生します（漏電が発生しなければ往路，復路の電流は方向が反対でかつ等しいので，ZCTに磁界は発生せず2次電圧 v_g も零となります）

▼図2.27　ZCTによる漏電検出

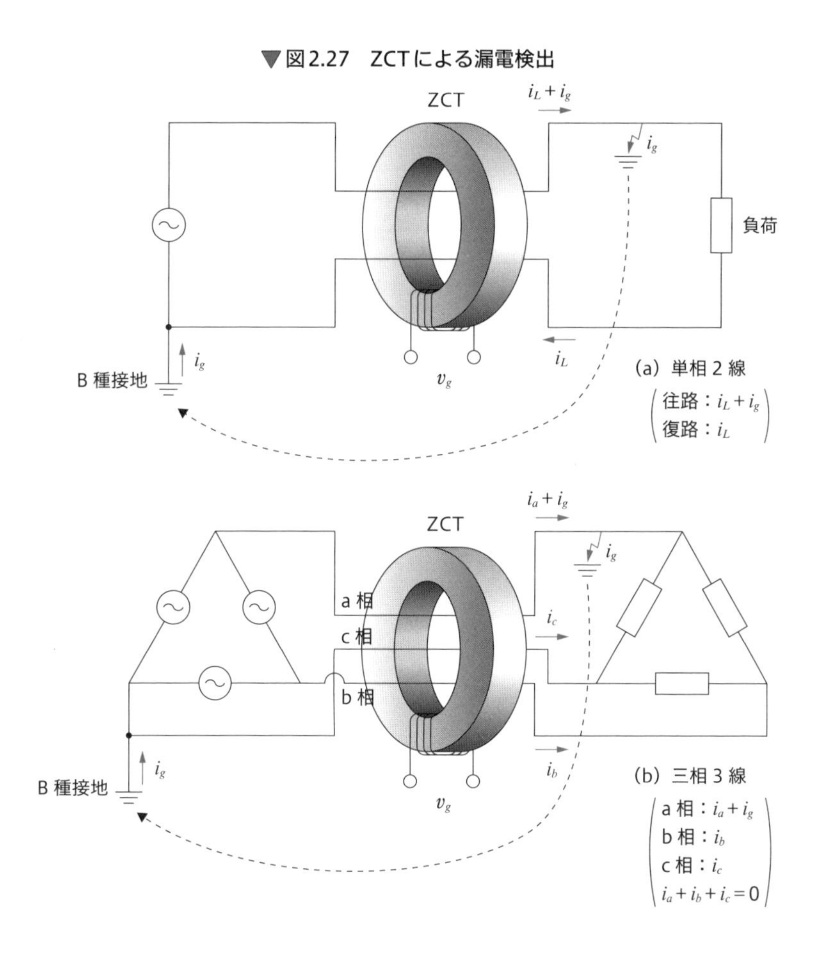

同図（b）はZCTによる三相回路の漏電検出の原理を示したものです．ここでは三相電流 i_a，i_b，i_c の和が常に零であるので，a相の接地による電流 i_g のみによる磁界がZCTに発生することを利用しています．

漏電遮断器（ELCB）は自身にZCTを内蔵しており，漏電検出回路の信号 v_g

を受けて電路を遮断する機能を有しています．漏電遮断器は，表2.5のように感度電流と動作時間によって分類されます．

表2.5　漏電遮断器の分類

<table>
<tr><th colspan="2">感度電流による区分</th><th>定格感度電流〔mA〕</th></tr>
<tr><td colspan="2">高感度形</td><td>5，6，10，15，30</td></tr>
<tr><td colspan="2">中感度形</td><td>50，100，200，300，500，1,000</td></tr>
<tr><td colspan="2">低感度形</td><td>3,000，5,000，10,000，20,000，30,000</td></tr>
<tr><th colspan="2">動作時間による区分</th><th>動作時間</th></tr>
<tr><td rowspan="2">非時延形</td><td>高速形</td><td>定格感度電流で0.1秒以内</td></tr>
<tr><td>反限時形</td><td>定格感度電流で0.3秒以内
定格感度電流の2倍の電流で0.15秒以内
定格感度電流の5倍の電流で0.04秒以内</td></tr>
<tr><td rowspan="2">時延形</td><td>反限時形</td><td>定格感度電流で0.5秒以内
定格感度電流の2倍の電流で0.2秒以内
定格感度電流の5倍の電流で0.15秒以内</td></tr>
<tr><td>定限時形</td><td>定格感度電流で0.1秒を超え2秒以内</td></tr>
</table>

2 漏電遮断器の設置と選択

「内線規程」によれば，機器の設置環境に応じて表2.6に示すように漏電遮断器の設置が義務づけられています．以下に漏電遮断器の選択，設置に対する注意事項を示します．

表2.6　機器の設置環境と漏電遮断器の設置義務

機器の設置環境 電路の対地電圧	乾燥した場所	湿気の多い場所	水気のある場所 （雨線外を含む）
150V以下	ー	ー	○
150Vを超え300V以下	ー	○	○

○：漏電遮断器を設置すること
ー：漏電遮断器を設置しなくてよい

① 設置回路に対する漏電遮断器の選択

図2.28（a）に示す分岐回路は，機器やそれを操作する人間にも近いので，感電の発生する危険性が高いといえます．したがって，分岐回路に漏電遮断器を設ける場合は負荷の数が少なく電路も短いので，高感度，高速型を採用します．また，同図（b）のように幹線回路に漏電遮断器を設ける場合は，下流に分岐回路が多く接続されているため対地漏洩電流が影響し，高感度型の採用が困難な場合があります．その場合には中感度，時延型の漏電遮断器を選択します．

▼図2.28　分岐回路，幹線回路への漏電遮断器の使用

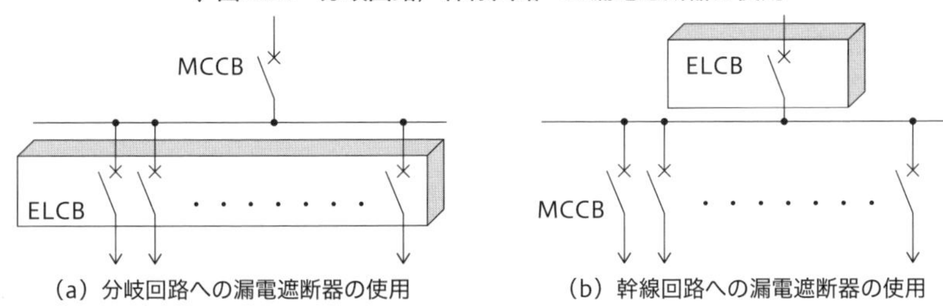

（a）分岐回路への漏電遮断器の使用　（b）幹線回路への漏電遮断器の使用

② 周囲環境

漏電遮断器は電気災害の発生防止を目的としているので，周囲環境のよい設置場所を選定し確実な動作を期さねばなりません．しかし，実際に使用される環境は条件のよい場所とは限らないので，温度，湿度，その他の雰囲気によく注意し，特殊な雰囲気に対しては防塵，防水などの対策品を採用します．

波形の観測は？

エネ子 波形の観測が必要になるのはどういう場合ですか？

筆者 主にトラブルの原因調査だね．測定にはオシロスコープを使うんだが，例えば信号の波形がノイズで乱されていないか，機器のサージ発生のレベルがどのくらいあるかなど，過渡的な様子を調べるとき有効だね．

エネ子 そういう状況は，普通の測定器では見ることができませんものね．

筆者 オシロスコープはここにもあるから，取扱いを勉強しておくと大いに役に立つよ．

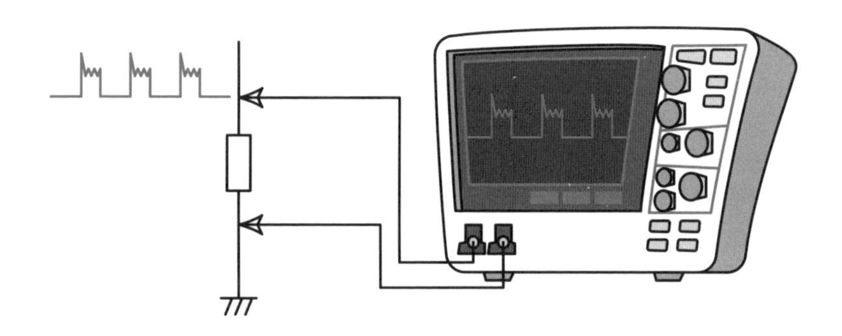

A20 オシロスコープは古くから用いられている電圧波形の観測装置です．とくにパワーエレクトロニクス機器が多く使用されている現場では，オシロスコープ活用の機会が多くなります．

1 オシロスコープの原理

オシロスコープは，時間に対し周期的に変動している電圧波形をディスプレイ上に表示する測定器で，直流からMHzまたはGHzレベルまでの信号電圧の波形を観測することができます．現在では，デジタル方式のオシロスコープが主力になっており，その外観を図2.29に示します．ディスプレイには，横軸を時間，縦軸を電圧として電圧の時間変化が表示されます．

▼図2.29　デジタルオシロスコープ

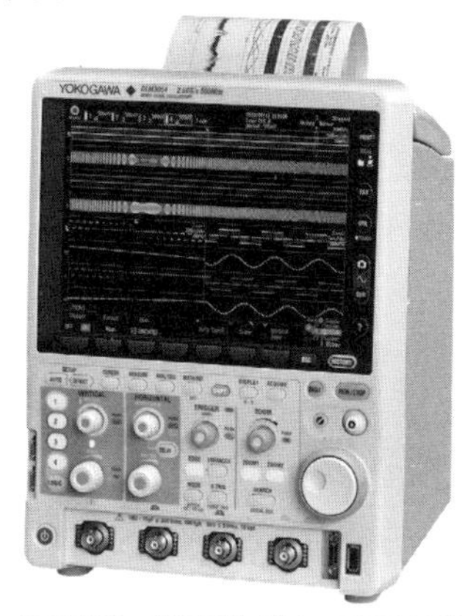

（画像提供：横河電機（株） DLM3000）

デジタルオシロスコープの原理を図2.30に示します．観測される入力のアナログ電圧はデジタル処理されてメモリに格納され，表示の要求に応じてアナログ波形に変換してディスプレイに表示されます．多チャンネルの入力を同時処理できますし，データの各種演算処理や記録の保存と再生など，多彩な機能を有しています．

▼図2.30　デジタルオシロスコープの原理

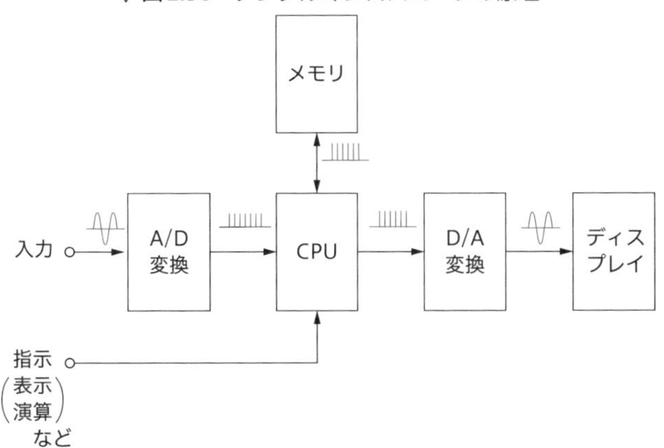

2 波形観測の実際例

2-1 電圧，周波数の観測

オシロスコープの表示は図2.31に示すように，縦軸が電圧軸，横軸が時間軸です．同図から正弦波電圧波形の最大値は2V，周期は4μsecであることがわかるので，電圧の実効値は最大値から

$$\frac{2}{\sqrt{2}}=1.14\text{V}$$

と計算できます．また，周波数は周期から

$$\frac{1}{4\times10^{-6}}=250\times10^{3}\,\text{Hz}=250\,\text{KHz}$$

と計算されます．ここで，図中のGND（Ground）は0Vの位置を表しています．

▼図2.31　オシロスコープによる電圧，周波数の測定

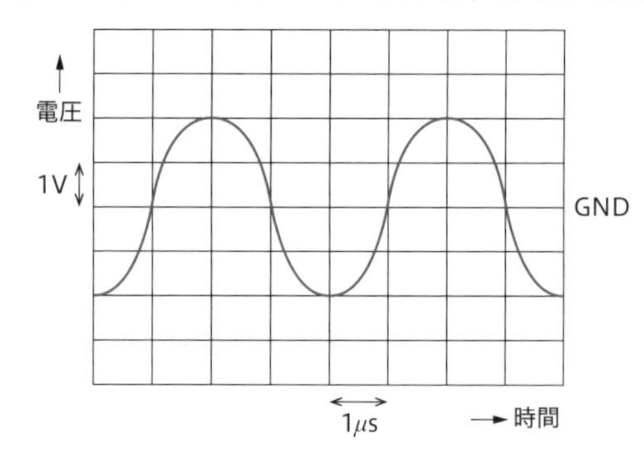

2-2 位相角の測定

図2.32には2つのチャンネルを用いて，位相の異なる2つの電圧の波形が表示されています．同図からチャンネル1の波形はチャンネル2の波形より1μsec進んでいる（時間は左から右に進む）こと，両者の1/2周期が6μsecであることがわかります．そこで，周期は12μsecですから，2つの波形の位相角は

$$\frac{1}{12}\times360^\circ=30^\circ$$

として求めることができます．

▼図2.32　オシロスコープのよる位相角の測定

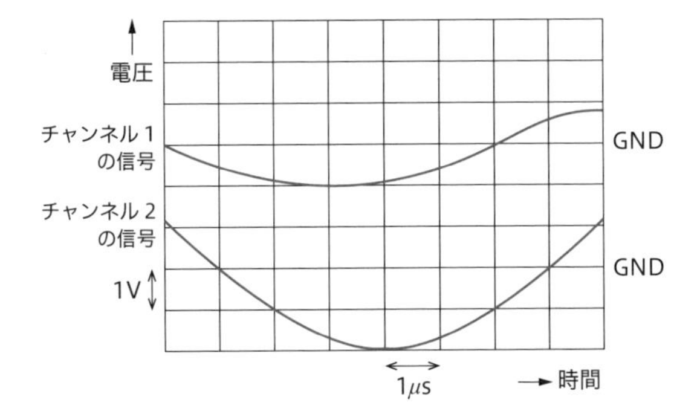

第3章

機械を制御する半導体

半導体技術の進歩には驚異的なものがあり，例えば最新の電力用半導体を用いれば，数100kWのモータの速度を自由に制御することが可能です．また，多くの電子制御機器には集積回路（Integrated Circuit：ICと略す）がふんだんに使われ，機械装置の頭脳として機能しています．本章では主にアナログ回路に用いられる半導体について基本的な事項を解説します．

Q21 半導体が機械を動かす？

エネ子 半導体が大きなモータを動かすって本当ですか？

筆者 本当だよ．電力用（パワー）半導体は直接モータを動かすんだよ．

エネ子 半導体は携帯電話やゲームに使われるものだとばっかり思ってました．

筆者 それは一般にLSIと呼ばれる半導体だね．電力用半導体にはIGBTとかサイリスタなどがあるんだが，この工場でもモータの速度制御や電気炉の電力調節に使われているよ．

エネ子 なるほど，半導体っていろいろな種類があるんですね．

A21 モータの速度制御やヒータの電力調節に使われている電力用半導体と，これらを駆動するICを中心とした電子回路について，その概要を紹介します．

1 電力用半導体

電力用半導体（パワー半導体）は，産業用ではモータの速度制御やヒータの電力調節などを目的として，三相200Vまたは400Vの動力回路に用いられています．産業用途に用いられている主な電力用半導体を整理すると，図3.1のようになります．図中の半導体は大きな電流を高速度（1KHz～1MHz）でON，OFFするスイッチの役目を果たしています．これらの半導体は自身の消費電力が大きいので，個別の半導体（ディスクリート）または複数個まとめた形（モジュール）で用いられます．

▼図3.1　産業用途における電力用半導体

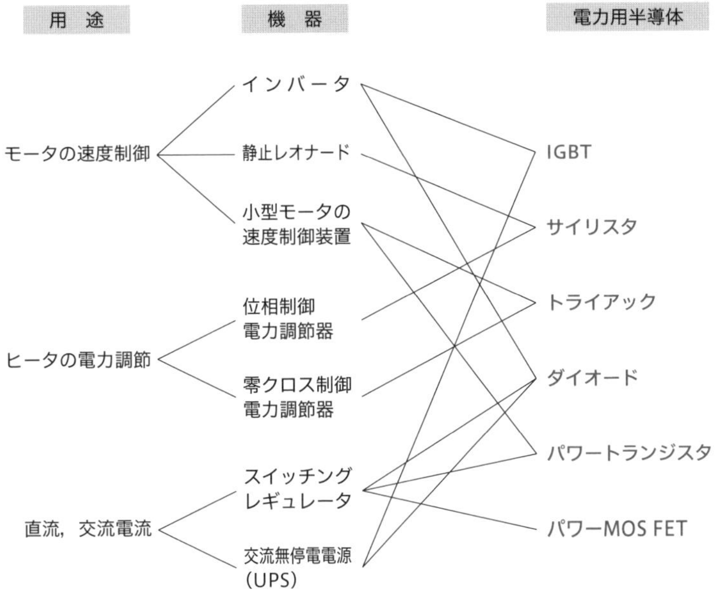

用　途
機　器
電力用半導体
インバータ
モータの速度制御
静止レオナード
小型モータの速度制御装置
IGBT
サイリスタ
トライアック
位相制御電力調節器
ヒータの電力調節
零クロス制御電力調節器
ダイオード
パワートランジスタ
スイッチングレギュレータ
直流，交流電流
交流無停電電源(UPS)
パワーMOS FET

例えば，インバータに用いられるIGBT（Insulated Gate Bipolar Transistor：絶縁ゲート型バイポーラトランジスタ）という半導体によれば，大電流を高速度でスイッチングすることにより400V，500kWくらいまでの三相誘導モータの速度制御を自在に行うことができます．このような機能の出現は，ICに代表される半導体の微細化技術と半導体の特性を100％発揮させる回路技術に負うところが大きいといえます．

2　電子回路の機能

前述の電力用半導体を駆動したり，リレーやソレノイドなどを直接駆動するものがICを中心として構成された電子回路です．一般に電子制御装置に用いられる電子回路は，図3.2に示すような機能を有しています．まず，センサなどから入力されるアナログ入力信号は，入力インタフェースでデジタル信号に変換されます．次にデジタル信号は，メモリに格納されている処理手順（ソフトウェア）に従ってCPUで演算処理されます．処理された結果は，出力インタフェースで再びアナログ信号に変換され，出力に接続された各種の負荷を駆動します．

▼図3.2　電子回路の機能

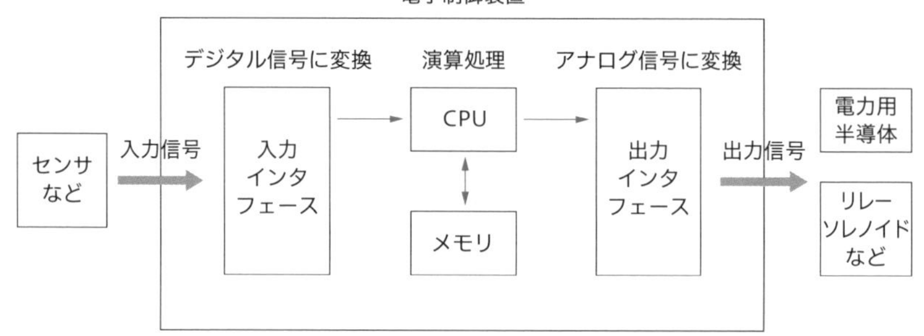

電子回路を構成するICを機能別,構造別に大別して主な役割を示したのが表3.1です．実際の装置ではICなどの半導体や抵抗,コンデンサなどはプリント基板（ガラス繊維とエポキシ樹脂を基材とした回路を構成する絶縁基板）上にはんだによって固定，接続されています．

表3.1　ICの分類と役割

		構造別	
		バイポーラ	MOS
機能別	アナログ	インタフェース機能を中心とした信号処理（高速動作に強み）	同左（低消費電力に強み）
	デジタル	簡単なデジタル信号の処理	CPU，メモリに代表されるデジタル情報の演算処理

chapter 3 Q22 半導体部品の中身は？

筆者　これはDIPと呼ばれる半導体の標準的なパッケージだよ．

エネ子　俗にいうゲジゲジですね．

筆者　そうそう，このなかには主役のチップが入っているのだが，なかを見たことがあるかい？

エネ子　いえありません，ぜひ見たいですね．

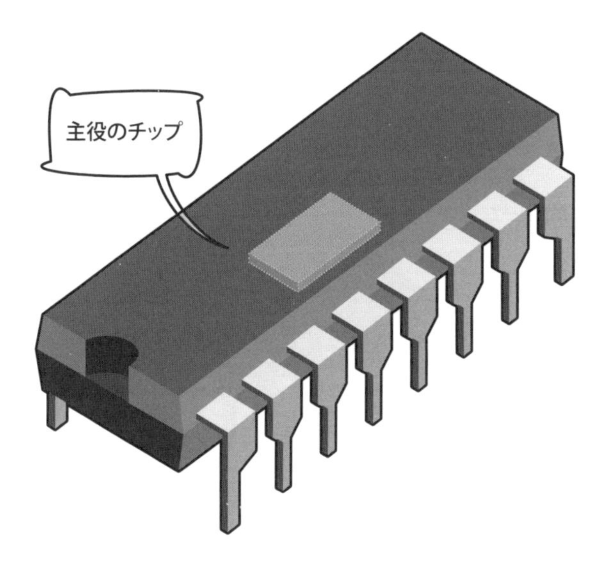

A22

読者のなかで，半導体チップの表面を拡大してご覧になった方は稀ではないかと思います．その表面を見ると微細加工の極致といった感がします．この加工技術は半導体以外の先端技術の分野でも広く応用されています．

1 DIPの内部構造

図3.3は，DIP（Dual In-line Package）と呼ばれる汎用的な構造をもつ半導体の内部構造を示したものです．主役である半導体チップ（または単にチップと呼ばれます）の材質はシリコンですが，縦横それぞれ1～10mmくらいのサイズをもち，銅または鉄合金からなる薄いリードフレーム上に搭載されています．

また，チップ上の一番外側にはアルミニウム薄膜で形成された電極があり，微細な径の金ワイヤでリードフレームに接続されています．チップ，リードフレーム，金ワイヤは不純物イオンの極めて少ない特殊なエポキシ樹脂に封じ込まれており，チップを包む構造体をパッケージと呼びます．

▼図3.3　DIPの内部構造

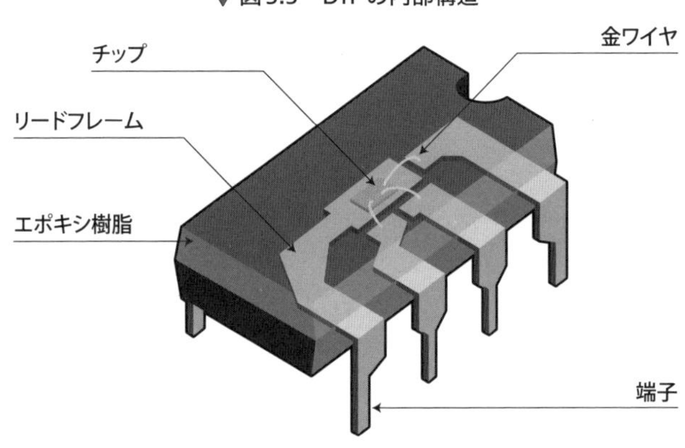

2 チップ

チップ表面の詳細は肉眼ではよく見ることはできません．そこで，高倍率の顕微鏡で覗いてみることにしましょう．図3.4（a），（b）にICチップの外観を示しますが，アルミニウム薄膜による微細な配線が白く見えています．この微細配線は，IC中に形成されている1つ1つの素子をつないでいます．一般にその配線幅はミクロン（1/1,000mm）からサブミクロンのオーダですが，最新のメモリなどのチップではナノメートル（nm）のオーダまで微細化されています．ICは直径6～12インチのシリコンウエハー（薄いシリコンの円盤）上に何千，何万も形成され，チップ1つ1つがこのウエハーから切り出されます．

▼図3.4　拡大したICチップの表面
（画像提供：伝田 精一氏）

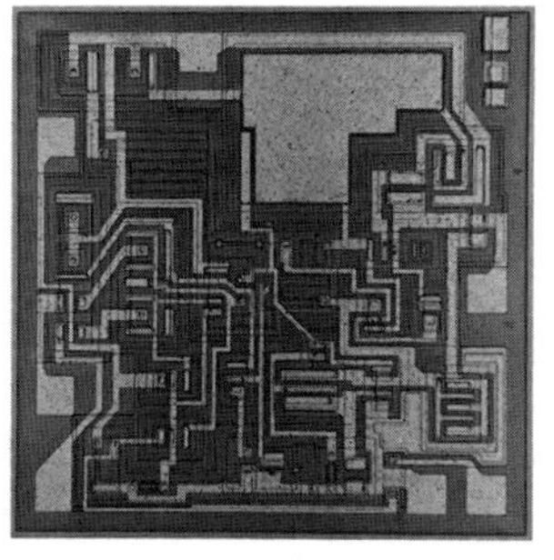
（a）バイポーラIC

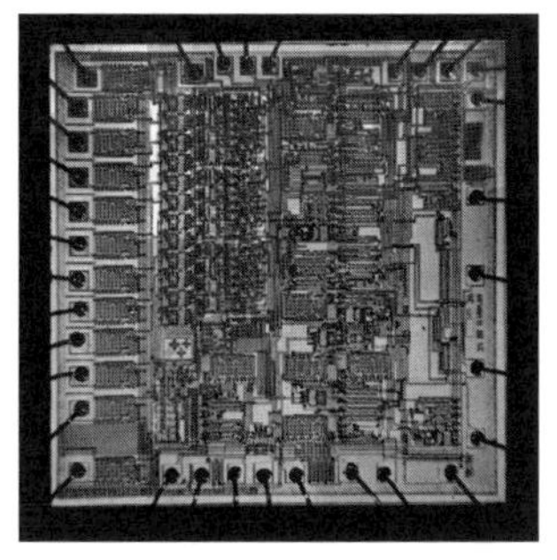
（b）CMOS IC

n形半導体とp形半導体

半導体チップの材質は，規則正しい結晶構造を有する超高純度のシリコンですが，半導体として機能させるために微量の不純物を添加します．例えばリンやホウ素などです．リンの原子は，シリコン結晶のなかで自由に動き回る電子を供給する役目をします．このように電子が電気伝導の主役になる半導体をn形半導体といいます．

一方，ホウ素の原子は，シリコン結晶の中で電子が一時的に留まる座席（これをホールといいます）を供給する役目をします．ホールによって電気伝導がなされる半導体をp形半導体といいます．n形，p形半導体の結晶の様子を図3.5に示します．

▼図3.5　n形半導体とp形半導体

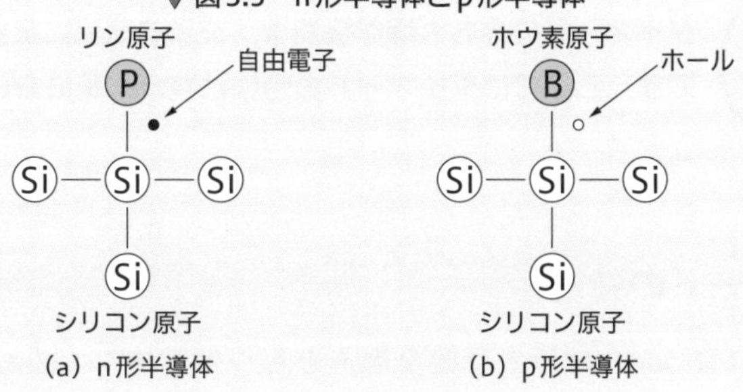

（a）n形半導体　（b）p形半導体

ダイオードってなに？

エネ子 ダイオードってなにをする半導体ですか？

筆者 ダイオードは半導体の中で最も簡単なチップ構造をもっていて，一方向しか電流を流さない特性があるんだ．

エネ子 ということは交流を直流にできますね．

筆者 すごい！　よくわかるね．ではそのような作用を何流というかな？

エネ子 変流ではないですよね….

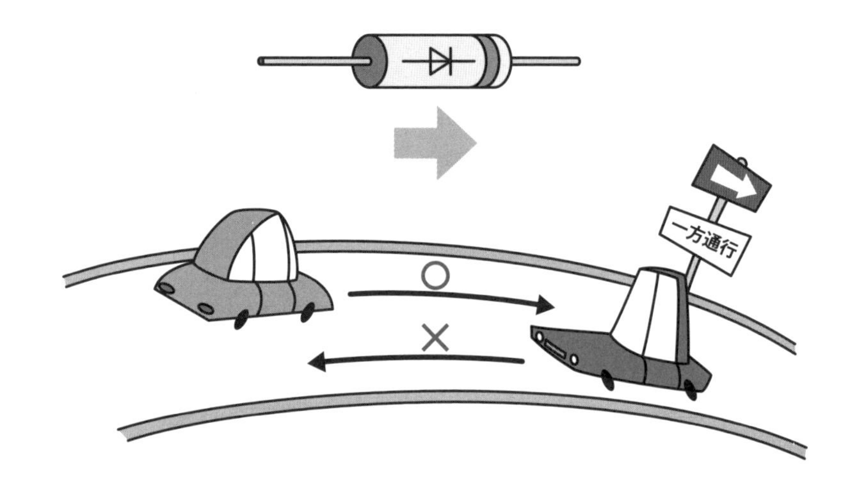

A23 ダイオードの最も大切な機能は，交流を直流に変換する整流作用です．ここではダイオードの特性と整流回路について解説します．

1 ダイオードの特性

ダイオード（Diode）は最も単純な構造をもつ半導体で，図3.6（a）のような記号で表されます．アノード（A）とカソード（K）の2つの電極を有し，アノードからカソードへの抵抗はほとんど零で，逆にカソードからアノードへの抵抗は無限大に近い値を示します．前者を順方向，後者を逆方向といいます．

▼図3.6　ダイオードの記号と特性

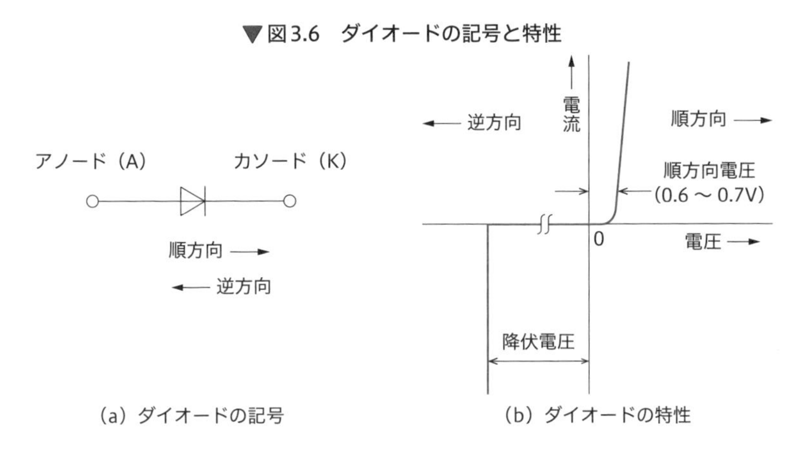

（a）ダイオードの記号　（b）ダイオードの特性

このような特性を図で表したのが同図（b）で，図において順方向に表れる残留電圧を順方向電圧といい，一般のダイードでは0.6〜0.7Vの値を示します．また，逆方向の電圧を増していくと，ある電圧値で突然極めて抵抗の小さい状態になりますが，この電圧を降伏電圧またはブレークダウン電圧といいます．その値はダイオードの構造によって異なりますが，100Vから数千Vの値をもちます．

なお，ダイオードには4〜30Vの安定した降伏電圧をもつツェナーダイオードや，照明器具や表示装置などに汎用的に用いられている発光ダイオード（LED）など多くの種類があります．

2 整流回路

ダイオードの最も大切な機能が交流から直流への変換，すなわち整流作用です．図3.7に示すように単相交流回路に直列にダイオードを接続すると，負荷には交流の＋側（波形の白抜き部分）のみの電圧が現れます．得られた直流は交流の半波であることから半波整流と呼ばれ，回路を半波整流回路といいます．

一方，図3.8はダイオード4個をブリッジ型に組み，単相交流回路に接続したもので，図に見るように負荷の両端には，交流の－側が＋側に折り返された波形をもつ直流が得られます．このような整流を全波整流，回路を全波整流回路といいます．

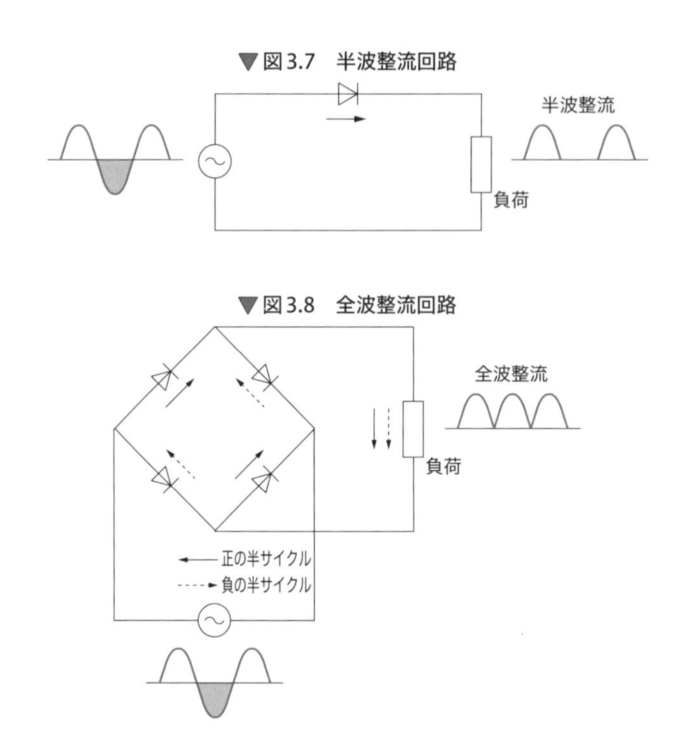

▼図3.7　半波整流回路

▼図3.8　全波整流回路

3 直流電源回路

電子回路の電源として用いられる直流は，先に述べた整流回路から得ていますが，電圧の脈動を含まない一定電圧の直流が用いられます．そのため，図3.9のように，商用交流を整流後に容量の大きな電解コンデンサをもつ平滑回路と，電圧の変動を吸収する安定化回路を必要とします．

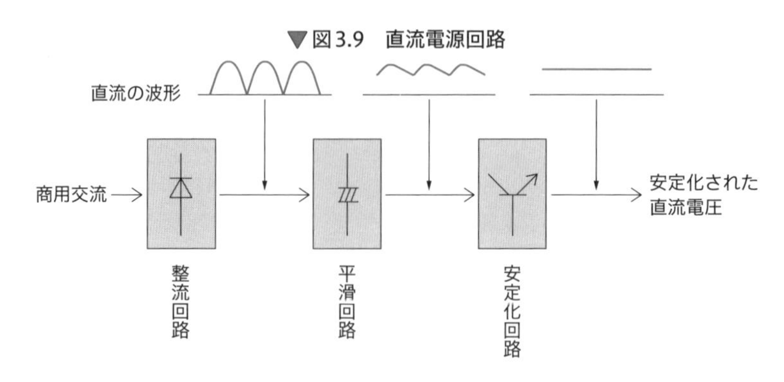

▼図3.9　直流電源回路

Q24 半導体スイッチってなに？

エネ子 半導体スイッチとはどういうスイッチですか？

筆者 例えばトランジスタをスイッチとして使ったりするんだよ.

エネ子 どのように使うのですか？

筆者 トランジスタに微小な入力信号を入れて電流をスイッチさせるわけだ. トランジスタをスイッチとして使えば，機械的な接点がないから接点の磨耗がないし，動作速度も機械式のリレーに比べて格段に速くなるんだ.

エネ子 だから，無接点スイッチとも呼ばれるのですね.

A24

スイッチとして機能する代表的な半導体（トランジスタ，サイリスタ，トライアック）を取り上げ，スイッチの原理と応用例について解説します.

1 トランジスタ

1-1 スイッチの原理

トランジスタ（Transistor）は，図3.10（a）に示すようにエミッタ（E），コレクタ（C），ベース（B）の3つの端子をもち，電流の流れる方向でnpn，pnp

の2つの種類に分けられます．トランジスタは入力となるベース，エミッタ間に流す微小な電流をON，OFFすることで，出力となるコレクタ，エミッタ間の電流をON，OFFすることができるスイッチ素子です．

同図（b）にnpnトランジスタを用いたスイッチ回路とその動作を示します．ここで，ベースの入力電圧波形e_iとコレクタの出力電圧波形e_oの位相が反転している（入出力の電圧が逆転している）ことに注意してください．

▼図3.10　トランジスタの記号とスイッチ動作

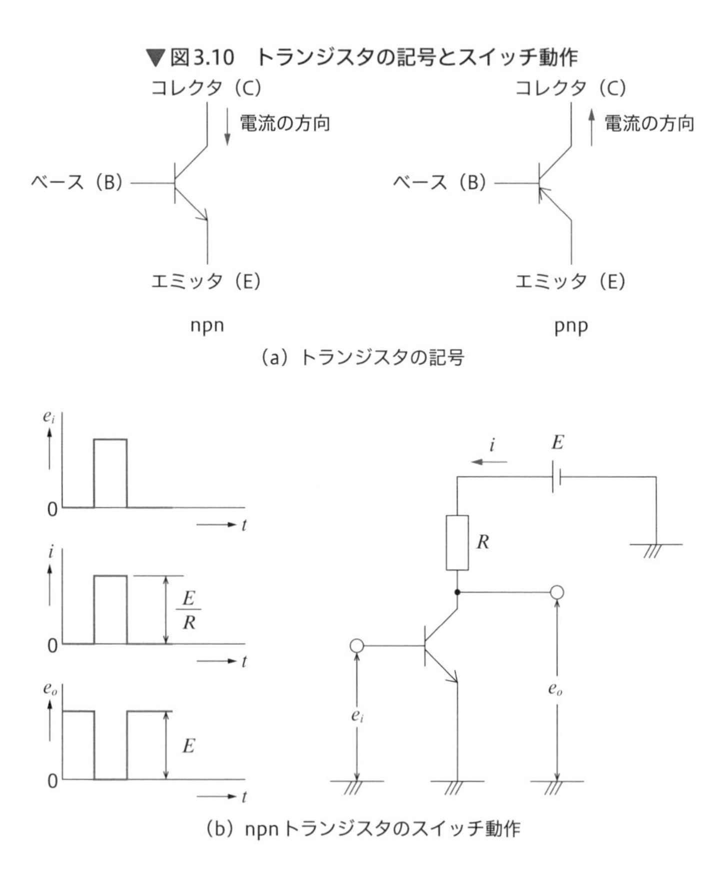

（a）トランジスタの記号

（b）npnトランジスタのスイッチ動作

1-2 直流リレーの駆動

トランジスタは主に100mA以下の直流のリレー，ソレノイド，表示ランプなどの駆動に用いられます．図3.11はリレーのコイル駆動の回路例ですが，トランジスタOFF時コレクタ出力に大きなサージ電圧が現れています．これは負荷となるリレーのコイルから発生する逆起電力です．ここで，コイルのインダクタンスをL〔H〕，トランジスタが電流をOFFする速さを$\Delta I/\Delta t$〔A/sec〕とすると，コイルに発生する逆起電力e〔V〕は

$$e=-L\frac{\Delta I}{\Delta t} \quad \cdots\cdots (3\cdot 1)$$

と表されます．

▼図3.11　npnトランジスタによるリレーのコイル駆動

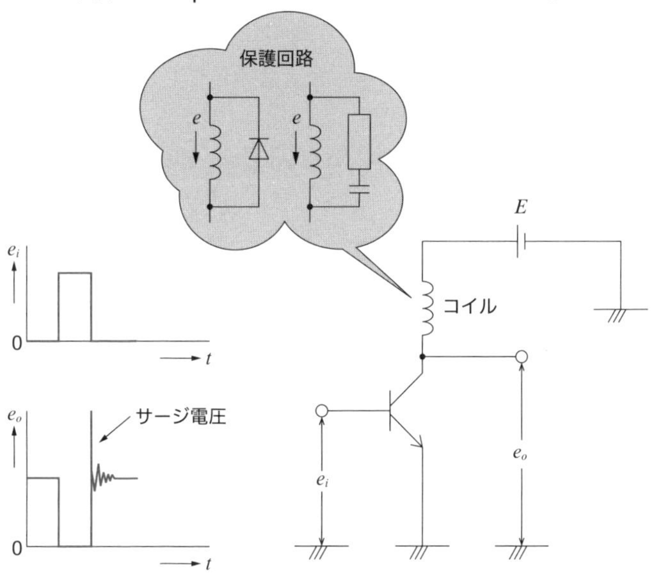

トランジスタはスイッチの速度が速いので，大きな値の逆起電力が生じやすく，これがトランジスタを破壊する原因になることがあります．そこで，逆起電力を低減させてトランジスタを保護するために，リレーのコイルと並列にダイオードやコンデンサ，抵抗器の直列回路を接続することが行われます．

2 サイリスタ

2-1 スイッチの原理

サイリスタ（Thyrister）は，図3.12（a）に示すようにアノード（A），カソード（K），ゲート（G）の3つの端子をもつ大電流，高耐圧のスイッチ専用の半導体です．同図(b)にその特性を示します．ゲートを開放した状態でアノード，カソー

ド間の順方向に電圧を加えていくと，ある電圧で急激に導通（ON）状態になります．このときの電圧をブレークオーバ電圧といいます．次にゲート，カソード間に電流を流すとブレークオーバ電圧は減少し，定格のゲート電流ではこの電圧は数Vになります．なお，サイリスタをON状態にするためにゲートに与える信号をトリガ信号といい，アノード，カソード間がON状態になることを点弧といいます．

また，サイリスタをON状態からOFF状態にすることを消弧といいますが，消弧するためにはアノード，カソード間の電流を零にするか，逆方向に高い電圧を印加しなければなりません．一方，アノード，カソード間の逆方向に電圧を加えていくと，ダイオードと同じくある電圧で急激にブレークダウンを起こします．

▼図3.12　サイリスタの記号と特性

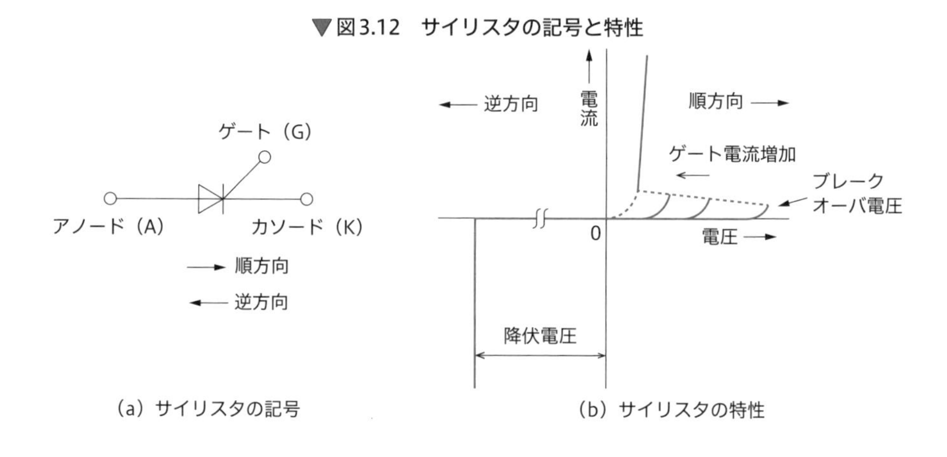

2-2 位相制御による電力調節

図3.13に，単相交流回路の電力調節にサイリスタを用いた回路例を示します．電流が零となる点でサイリスタは消孤するので，図のようにトリガ信号でサイリスタが点孤するタイミングを制御して電流の平均値を制御し，負荷の電力を調節することができます．このような制御を位相制御といいますが，この回路は単相半波整流回路をもとにした電力調節回路ということができます．なお，サイリスタのゲート回路に接続されたトランスは，パルストランスと呼ばれサイリスタの主回路と制御回路を絶縁するためのものです．

サイリスタによれば，数百kWに及ぶ大きな電力の制御が可能なので，通常は三相交流を入力として，ヒータの電力調節や直流モータの速度制御（静止レオナード制御）に応用されます．

▼図3.13　サイリスタによる位相制御

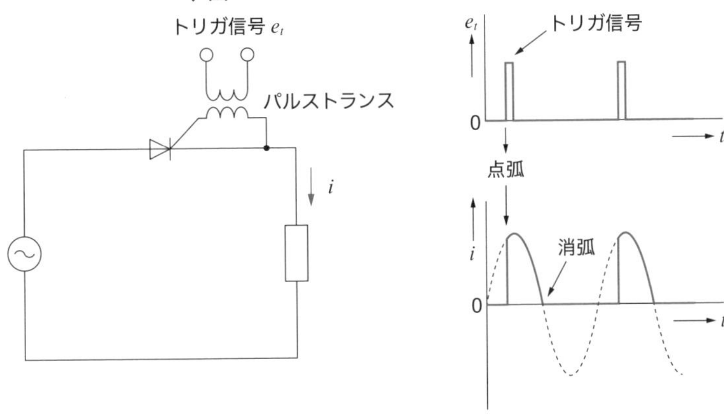

3 トライアック

3-1 スイッチの原理

トライアック（Triac）は図3.14に示すよう，T_1，T_2，ゲート（G）の3つの端子を有する交流専用のスイッチ素子で，サイリスタを2つ逆並列に接続した等価回路で表すことができます．ゲートに電流を流し込むことでT_1，T_2間がONするので，交流のスイッチとして使用することができます．T_1，T_2間をOFFするにはサイリスタと同様T_1，T_2間の電流を零にしなければなりません．

▼図3.14　トライアックの記号と等価回路

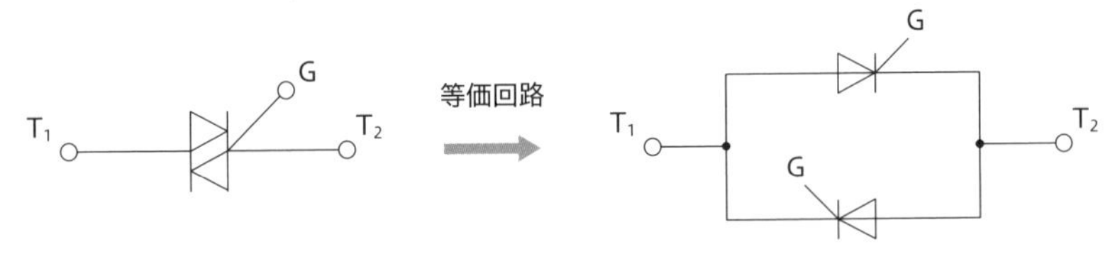

3-2 零クロススイッチによるサイクル制御

トライアックは，比較的小容量の交流電力調節のスイッチとして用いられます．主に交流用のリレー，ソレノイドの駆動および小型交流モータの速度制御やヒータの電力調節に用いられています．

トライアックの交流スイッチへの応用例として，図3.15に示すような零クロススイッチがあります．これは図に示すように交流電流の零点でスイッチのON，

OFFを行わせるものでサイクル制御と呼ばれます．スイッチONの際に生じる負荷への突入電流や，スイッチOFFの際のノイズ，サージの発生がないという特徴があります．図3.16は，主制御素子としてトライアックを使用した交流電力調整器の外観です．

▼図3.15　トライアックによるサイクル制御

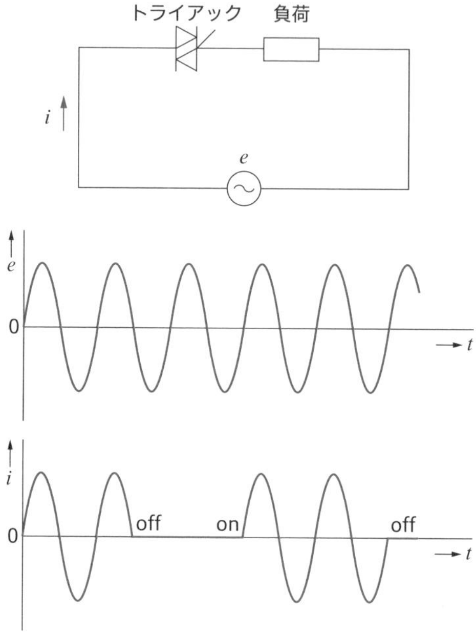

トライアック　負荷

i

e

e

0

t

i

0

off　on　off

t

▼図3.16　交流電力調整器の外観

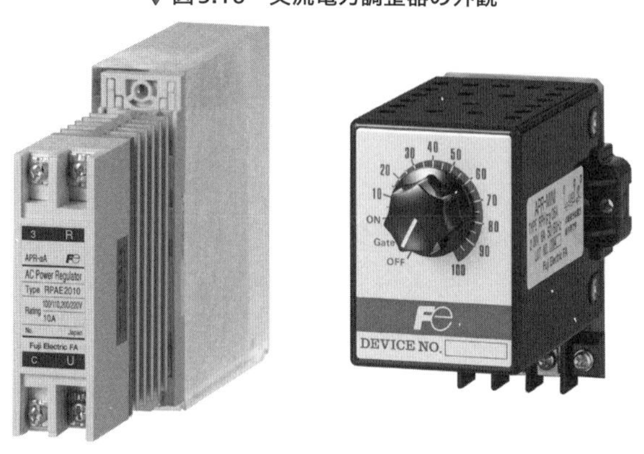

（画像提供：富士電機テクニカ（株）　APR-αA（左），APR-ミニ（右））

演習問題

問題1 図3.7における交流電源の実効値をEとするとき，半波整流された直流電圧の平均値はどのように表されるか．ただし，ダイオードの順方向電圧は零とする．

解説>>> 入力側の交流電源の実効値をEとすると，その瞬時値eは

$$e=\sqrt{2}E\sin\omega t$$ （p.27のSTEP UP参照）

と表される．したがって，半波整流された直流側の電圧の平均値E_{av}は

$$E_{av}=\frac{1}{2\pi}\int_0^{\pi}\sqrt{2}E\sin\omega t d(\omega t)=\frac{\sqrt{2}}{\pi}E$$

解答 $\dfrac{\sqrt{2}E}{\pi}$

問題2 下図は2個のダイオードを用いたハーフブリッジ回路と呼ばれる整流回路である．この回路の整流作用を考えてみよ．

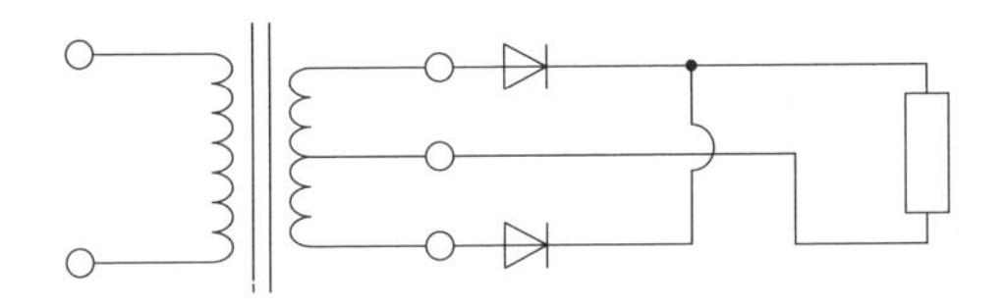

解説>>> トランスの1次側に交流電源を接続して，正弦波の正側，負側の電流の流れを調べてみる．

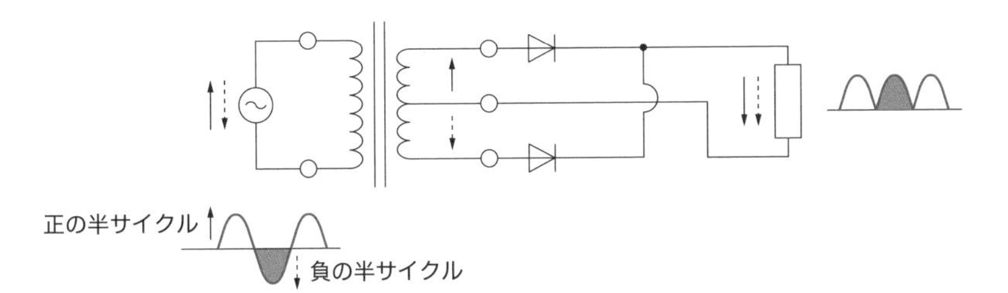

図のように半サイクルごとにトランスの2次側巻線の1/2を用いた全波整流回路であることがわかる．図3.8に示したブリッジ回路型の全波整流回路は4個ダイオードを用いているが，本回路は2個でよいことになる．しかしトランスの2次側巻線の利用

率が1/2になる．

解答　全波整流回路になる．

（**問題3**）図3.11に示されるトランジスタを用いたリレーコイルのスイッチ回路で，コイルのインダクタンスを500mH，トランジスタが電流をOFFする速さを0.1A/100μsecとするとき，コイルに発生する逆起電力〔V〕を計算せよ．

解説》》》 式（3.1）に$L=500\times10^{-3}$H，$\Delta I/\Delta t$を$0.1/100\times10^{-6}$A/secを代入してeを求めると

$$e=-500\times10^{-3}\times\frac{0.1}{100\times10^{-6}}=-500\text{V}$$

が求まる．

解答　−500V

chapter 3 Q25 オペアンプってなに？

筆者 トランジスタの機能としてスイッチのほかにもう1つあるのだけれど，知ってるかい？

エネ子 いいえ，知りません．

筆者 小さな信号を相似的に大きくする増幅作用だよ．一般にはアナログ信号の増幅にはオペアンプというICが使われる．正式名称は演算増幅器だ

エネ子 いい仕事をしそうな名前ですね．

筆者 うん．理想的な増幅器に近い特性を得ることができるので，アナログ信号の処理には欠かせないICだ．あとでオペアンプの基本回路を勉強してみよう．

A25

アナログ回路で最もよく使用されるのがオペアンプです．その応用は多種多様ですが，ここでは基本となる増幅回路について調べてみましょう．

1 オペアンプとは

オペアンプの正式名称は，演算増幅器（Operational Amplifier）で，理想的な増幅器に近い特性を得ることができるICです．アナログ信号を入力とする計測器や制御機器では信号の処理，例えば小さなレベルの信号の増幅やA/D変換などの入力インタフェースが必要です．オペアンプは，このようなアナログ信号の処理に関わる回路の基本となる半導体部品です．

オペアンプは図3.17に示す図記号を用いて表されますが，図記号の左側のマイナス記号をもつ端子が反転入力端子，プラス記号をもつ端子が非反転入力端子，また，図の右側が出力端子となっています．反転入力端子への入力信号は180°位相が反転した出力となり，非反転入力端子への入力信号は同相の出力となります．

▼図3.17　オペアンプの記号

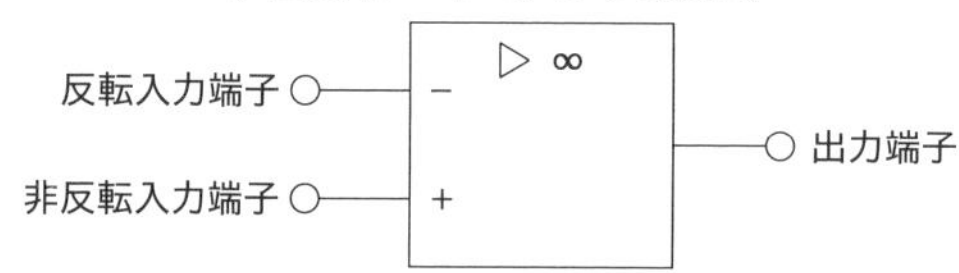

2 オペアンプを用いた増幅回路

オペアンプを用いた反転増幅回路，非反転増幅回路の増幅度（ゲインまたは利得ともいいます）がどのように表されるか調べてみましょう．ここで，オペアンプを用いた回路の計算では，次のことを仮定します．

① オペアンプの入力端子に流れ込む電流は零である（つまり，オペアンプの入力インピーダンスは無限大である）．

② 反転入力端子，非反転入力端子の対地電圧は等しい．

この①，②の関係はオペアンプの実回路の計算に用いてもまったく問題ありません．図3.18（a）はオペアンプを用いた反転増幅回路です．R_1，R_2に流れる電流i_1，i_2は，反転入力端子が零電位であることを用いて

$$i_1 = \frac{v_1}{R_1}, \quad i_2 = \frac{v_2}{R_2}$$

$$i_1 + i_2 = 0$$

したがって，回路の増幅度v_2/v_1は

$$\frac{v_2}{v_1} = -\frac{R_2}{R_1} \qquad (3\cdot2)$$

上式の右辺にマイナス記号がついているのは，入力信号が反転して出力されていることを示します．同図（b）は，オペアンプを用いた非反転増幅回路です．図から反転入力端子の電位はv_1に等しくなりますから

$$v_1 = \frac{R_1}{R_1 + R_2} v_2$$

したがって，回路の増幅度v_2/v_1は

$$\frac{v_2}{v_1} = 1 + \frac{R_2}{R_1} \qquad (3\cdot3)$$

と表されます．

▼図3.18　オペアンプを用いた増幅回路

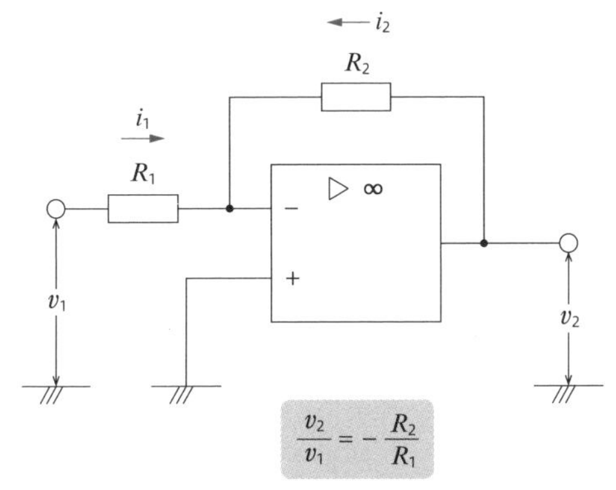

（a）反転増幅回路と増幅度

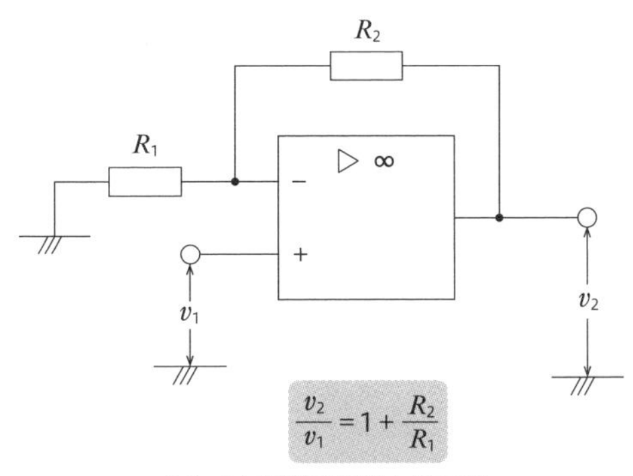

（b）非反転増幅回路と増幅度

Q25 演習問題

（問題1）図のようなオペアンプを用いた反転増幅回路の増幅度（絶対値）はいくらになるか．デシベル（dB）の単位を用いて表せ（増幅度をAとするとデシベル単位への換算は$20\log_{10}A$で表される）．

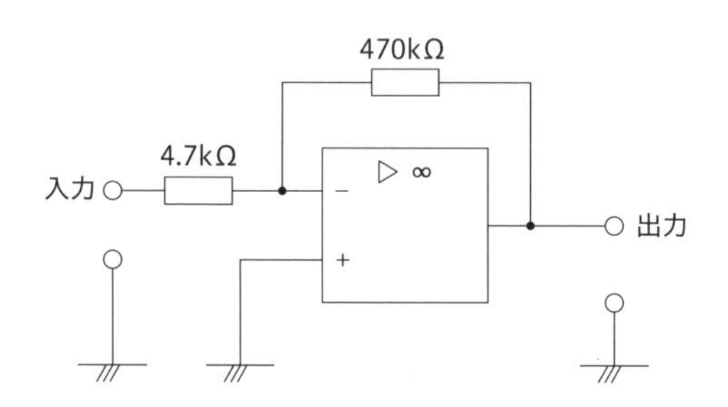

解説≫ 式（3.2）に$R_1=4.7\text{k}\Omega$，$R_2=470\text{k}\Omega$を代入して増幅度の絶対値は100になるから，dBを用いて増幅度を表すと

$$20\log_{10}100=20\times2=40$$

解答　40dB

（問題2）図は回路に直列に挿入した微小抵抗R_sの両端の電圧を差動増幅して電流を求める回路である．電流Iを増幅器の出力電圧V_0およびR_sを用いて表す式を求めよ．

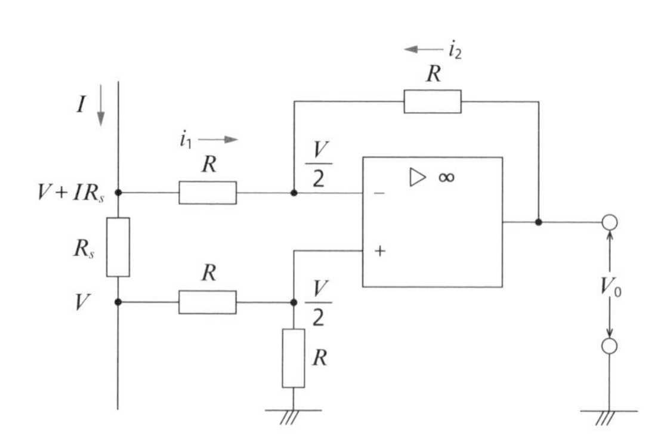

解説≫ 図に示すR_s両端の対地電圧から決まるオペアンプの反転入力端子の対地電圧は，非反転入力端子のそれに等しく，$V/2$である．また，反転入力端端子に流入する電流i_1+i_2は零であるから

$$i_1 + i_2 = \frac{V + IR_s - \frac{V}{2}}{R} + \frac{V_0 - \frac{V}{2}}{R} = 0$$

したがって

$$I = -\frac{V_0}{R_s}$$

差動増幅回路は入力インピーダンスが大きく，同期入力のノイズが除去される特性を有する．

解答　$I = -\dfrac{V_0}{R_s}$

半導体の弱点は？

エネ子 いままで半導体の働きを聞いてきましたが，弱点なんてあるんですか？

筆者 半導体は優等生だけに弱点もけっこうあるんだよ.

エネ子 私と違いますね.

筆者 そういうことかな．半導体は過電圧，温度に弱いんだ，それから湿気にも弱いんだな.

エネ子 ということは，半導体を使った制御機器は動作環境を選ぶことが大事なんですね！

A26

半導体は図3.19に示すように，電気的ストレス，熱的ストレス，湿気に対して弱点をもっています．それぞれについて説明しましょう.

1 電気的ストレス

半導体は耐えられる電圧（耐圧）が決められており，リレーなど機械的部品に比べると，その値も耐量もはるかに小さいのです．耐圧を超える電圧に対してはチップにダメージが残ったり，チップの破壊に至ることがあります．先に述べた電力用半導体は，使用される回路的な位置からサージなどの電気的ストレスを受ける機会が多いといえます．そこで，これら半導体を保護するため，チップ自身の中にサージに対する保護回路を設けたり，サージキラーといわれる保護素子（ツェナーダイオード，バリスタ，CR回路など）を外部回路に接続することが行われます．

▼図3.19　半導体の弱点

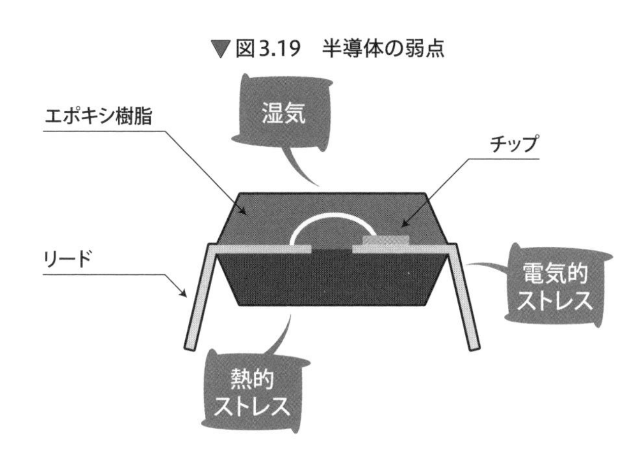

2　熱的ストレス

一般に半導体チップは，自身の温度（接合部温度といいます）が125～150℃になると，電気的特性の保証ができなくなります．例えば，ダイオード，トランジスタ，サイリスタなどでは耐圧の低下やOFF時の漏れ電流の増加を招き，回路が設計どおり機能しなくなる場合があります．また，高い周囲温度での使用は，半導体の寿命を劣化させる原因になりますので，とくに夏季の周囲温度の上昇には要注意です．

電力用半導体は電力損失が大きいので，チップの温度上昇を抑えるため，放熱器に取り付られたり，ファンで強制冷却されます．なかにはチップ自身に温度検出回路を設け動作温度が規定値を超えると，自ら動作を停止する保護回路を有するものもあります．

3　湿気の影響

湿度の多い場所での長時間の使用や温度サイクル（くり返しの温度変化）の

印加によって，湿気はパッケージの樹脂そのものや，リードフレームと樹脂の隙間を通してパッケージ内部に侵入します．とくに，湿気の中に可動イオン（Na^+，K^+，Cl^-など）が含まれていると，これらが湿気に運ばれてチップ表面に達し，半導体の動作に種々の影響を及ぼします．この影響を緩和するため，半導体チップの表面は物理的，化学的に安定な薄膜（例えばシリコンの酸化膜，窒化膜など）で覆われています．

以上述べたような理由から，半導体を数多く使用している電子制御機器はできるだけ電気的，環境的に条件のよい場所に設置するよう工夫することが必要です．

第4章

縁の下で活躍する制御部品と制御機器

　機械設備やユーティリティ設備には，目立たないところで多くの制御部品や制御機器が用いられています．本章ではまず汎用的に用いられるスイッチ，リレー，センサなどの制御部品について解説します．次にフィードバック制御の概要およびプロセス制御の頭脳となる調節器の機能について，温度調節を例に述べます．また，縁の下で活躍する機器の代表として，直流パワーサプライと交流無停電電源を取り上げ，解説を加えました．

chapter 4 Q27 スイッチ，リレーの接点機能は？

エネ子 a接点，b接点の違いがよくわからないのですが….

筆者 接点動作のアクションが加えられたとき閉じる（メークする）接点をa接点というのだよ．

エネ子 それではb接点は？

筆者 接点動作のアクションが加えられたとき開く（ブレークする）接点をb接点というんだ．a接点, b接点は制御回路の基本だから押しボタンスイッチ，リレーについて現物で動作を見てみることにしよう．

A27 スイッチ，リレーの接点機能は第5章で説明するリレーシーケンスの基本になります．ここではa接点，b接点の機能をよく覚えてください．

1 スイッチの接点機能

押しボタンスイッチは人の手の操作によりON，OFFするスイッチで，制御回路に多く用いられます．図4.1に代表的な押しボタンスイッチの外観を示します．ボタンを押すと接点が動作し，離すと接点が復帰する自動復帰型（モーメンタリ動作）スイッチを例に接点の機能について解説します．

▼図4.1　押しボタンスイッチの外観

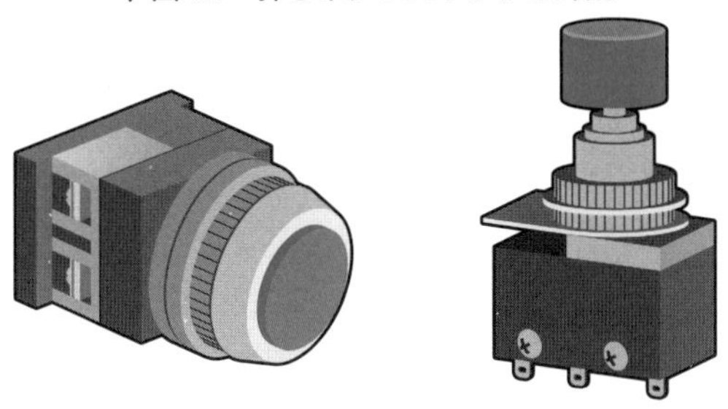

1-1 a接点，b接点の機能

図4.2（a）に押しボタンのa接点の動作と図記号を示します．押しボタンを押すと接点が閉じ，手を離すと接点が開きます．このような接点をa接点といいます．また，a接点は常時は接点が開いているので，NO（Normally Open）接点とも呼ばれます．

図4.2（b）に押しボタンのb接点の動作と図記号を示します．押しボタンを押

▼図4.2　押しボタンの接点動作と図記号

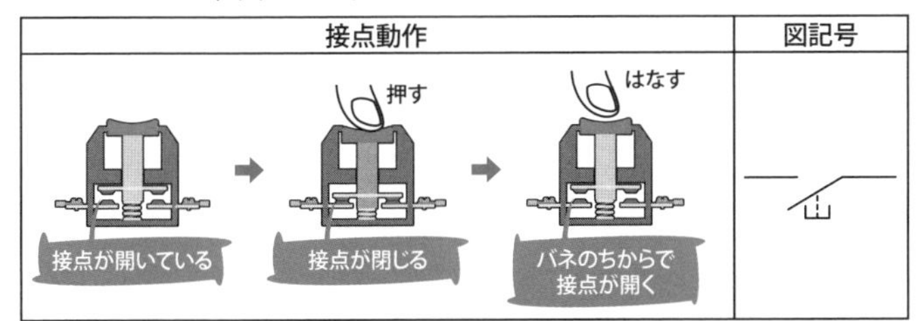

(a)押しボタンのa接点動作と図記号

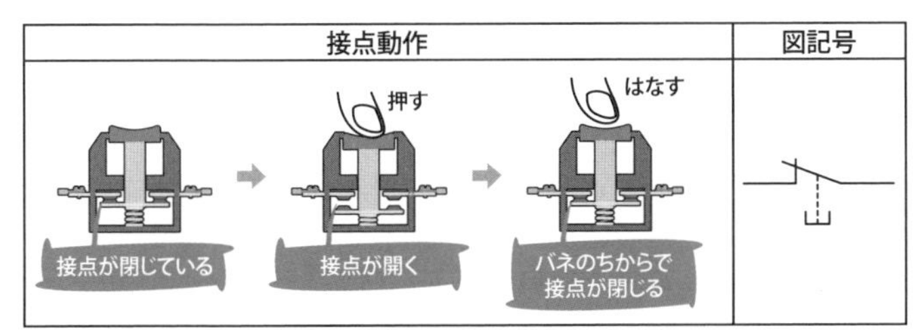

(b)押しボタンのb接点動作と図記号

すと接点が開き，手を離すと接点が閉じます．このような接点をb接点といいます．また，b接点は常時は接点が閉じているので，NC（Normally Close）接点とも呼ばれます．

2 リレーの接点機能

ヒンジ型と呼ばれるリレーの動作原理図を図4.3に示します．コイル部に電流が流れると（これを励磁という），コイルに発生する磁界により可動鉄片が吸引され，接点部が切り替わります．電流を止めると磁界がなくなるので，バネにより接点が元に戻ります．なお，リレーのコイルはAC用，DC用の2つのタイプがあり，それぞれ定格電圧，定格電流が決められています．

▼図4.3　ヒンジ型リレーの動作原理

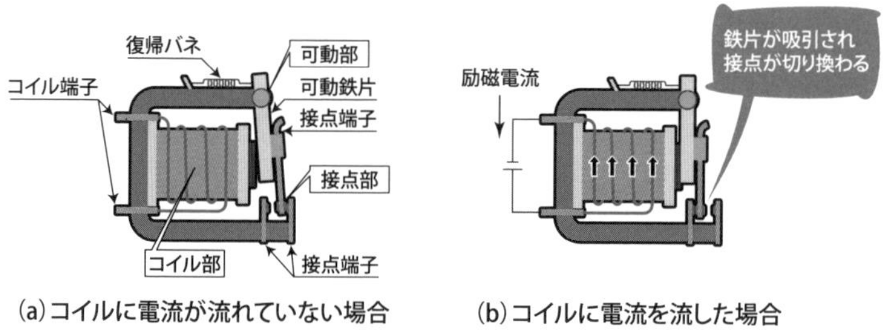

(a)コイルに電流が流れていない場合　(b)コイルに電流を流した場合

2-1 a接点，b接点の機能

図4.4（a），（b）にヒンジ型リレーのa接点，b接点の接点動作と図記号を示します．a接点ではコイルに電流が流れると接点が閉じ，電流を止めると接点が開きます．また，b接点ではコイルに電流が流れると接点が開き，電流を止めると接点が閉じます．ここで，コイルの励磁とa接点，b接点の動作をまとめると同図（c）のようになります．

2-2 リレーの接点構成

実際のリレーは図4.5に示すようにa接点，b接点の両方の機能をもつ接点（これをc接点と呼びます）を有しています．最初の状態（コイルに電流が流れていない）ではa接点が開き，b接点が閉じていますが，コイルに電流を流すとa接点が閉じ，b接点が開きます．

▼図4.4　ヒンジ型リレーの接点動作

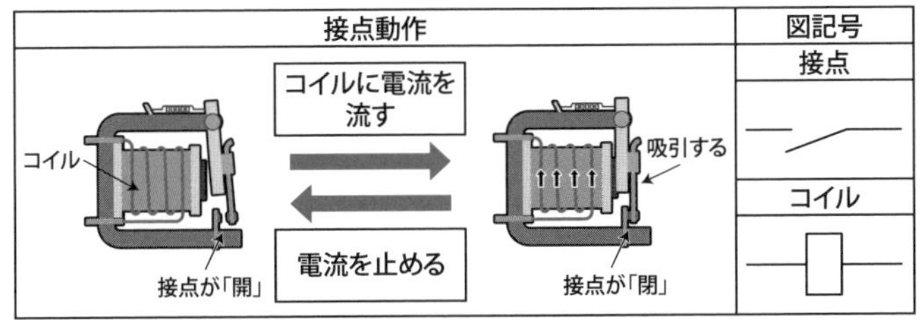

(a) ヒンジ型リレーのa接点動作と図記号

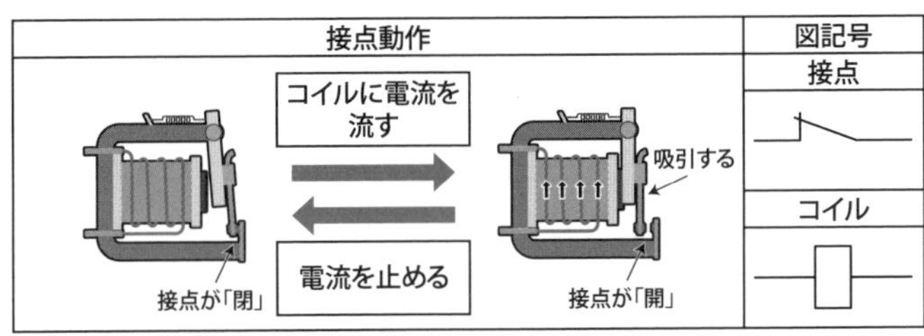

(b) ヒンジ型リレーのb接点動作と図記号

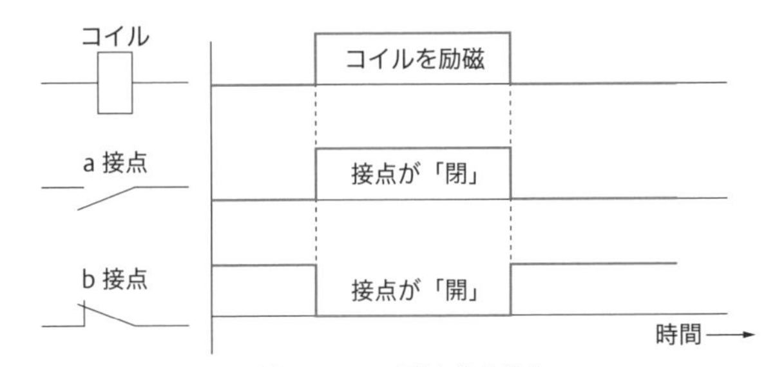

(c) コイルの励磁と接点動作

▼図4.5　リレーのc接点動作

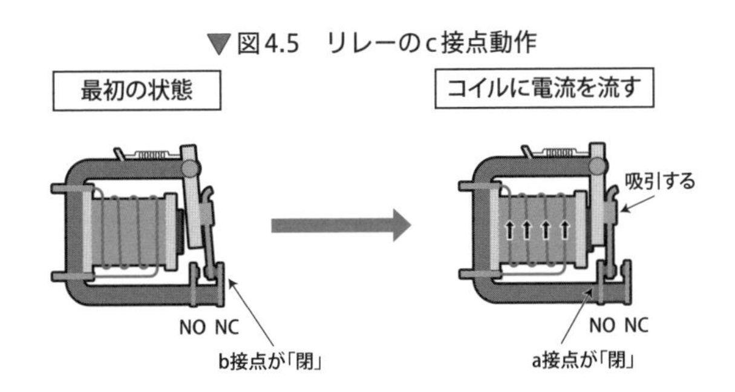

chapter 4 Q28 リレーの選択方法は？

筆者 君はQ01で直流リレーと交流リレーを間違えたね.

エネ子 あの時は直流と交流の違いも知りませんでしたから．もうそんなミスはしません.

筆者 うむ，リレーを選ぶときは直流，交流のほかに使われる回路とコイルの電圧定格が一致していなければいけない.

エネ子 そのほかに注意する点は？

筆者 接点の電流容量だよ．実使用電流に対してどのくらい余裕があるか調べておかなくてはね．とくに接点寿命は直流回路では交流回路に比べてかなり短くなるから要注意だよ.

A28

リレーは制御回路で最も汎用的に使用される部品で，その種類も数多くあります．ここでは目的にあったリレーを選択するポイントについて解説します.

1 制御回路の電圧

まず制御回路の電圧について調べてみましょう．小規模で簡単な制御装置の場合（例えば部品点数が数点くらいの場合），制御回路は主回路から引き出して構成することが多いので，AC100Vまたは200Vが用いられます．規模が大きくなるにつれて，専用の絶縁トランスを用いて制御回路を独立させたり，制御回路専用の直流電源を設けたりします．また，リレーのコイルと接点の回路を分離して安全性，メンテナンス性の向上を図ります．

制御回路は人の手に触れるスイッチなどが接続されるので，安全性の面から制御電圧を低くすることが望ましいといえます．主に用いられている制御回路の電圧は表4.1のとおりです．

表4.1　制御回路の電圧

制御電圧	AC		DC		
	100V	200V	24V	48V	110V
使用されている制御電圧	◎	○	◎	△	△
望ましい制御電圧	○		○		

2 リレー選択のポイント

①　コイルの定格電圧

使用する回路（ACまたはDCの別）と回路電圧に準じてコイルの定格電圧を選びます．表4.2に汎用リレーのコイル仕様を示します．

②　接点の電流容量

接点の電流容量はACまたはDCの別，回路電圧，負荷電流，負荷力率などでその値が異なります．一般に，実使用電流が接点容量の最大値の50～60%になるような目安で選びます．表4.3に前記汎用リレーの接点仕様を，図4.6に接点電圧と接点電流，接点電流と動作回数（接点寿命）のデータを示します．図に見るように抵抗負荷に比べて誘導負荷，またAC負荷に比べてDC負荷では接点の電流容量や動作回数が小さくなるので注意を要します．

表4.2　リレーのコイル仕様

<table>
<tr><th colspan="2" rowspan="2">項目
定格電圧〔V〕</th><th colspan="2">定格電流〔mA〕</th><th rowspan="2">コイル
抵抗〔Ω〕</th><th colspan="2">コイルインダクタンス〔H〕</th><th rowspan="2">動作電圧
〔V〕</th><th rowspan="2">復帰電圧
〔V〕</th><th rowspan="2">最大許容
電圧〔V〕</th><th rowspan="2">消費電力
〔VA, W〕</th></tr>
<tr><th>50Hz</th><th>60Hz</th><th>鉄片開放時</th><th>鉄片動作時</th></tr>
<tr><td rowspan="6">AC</td><td>12</td><td>106.5</td><td>91</td><td>46</td><td>0.17</td><td>0.33</td><td rowspan="10">80%
以下</td><td rowspan="6">30%
以上</td><td rowspan="10">定格
電圧の
110%</td><td rowspan="6">約0.9
～1.3
〔60Hz〕</td></tr>
<tr><td>24</td><td>53.8</td><td>46</td><td>180</td><td>0.69</td><td>1.3</td></tr>
<tr><td>100/110</td><td>11.7/12.9</td><td>10/11</td><td>3,750</td><td>14.54</td><td>24.6</td></tr>
<tr><td>110/120</td><td>9.9/10.8</td><td>8.4/9.2</td><td>4,430</td><td>19.2</td><td>32.1</td></tr>
<tr><td>200/220</td><td>6.2/6.8</td><td>5.3/5.8</td><td>12,950</td><td>54.75</td><td>94.07</td></tr>
<tr><td>220/240</td><td>4.8/5.3</td><td>4.2/4.6</td><td>18,790</td><td>83.5</td><td>136.4</td></tr>
<tr><td rowspan="4">DC</td><td>12</td><td colspan="2">72.7</td><td>165</td><td>0.73</td><td>1.37</td><td rowspan="4">10%
以上</td><td rowspan="4">約0.9</td></tr>
<tr><td>24</td><td colspan="2">36.3</td><td>662</td><td>3.2</td><td>5.72</td></tr>
<tr><td>48</td><td colspan="2">17.6</td><td>2,725</td><td>10.6</td><td>21.0</td></tr>
<tr><td>100/110</td><td colspan="2">8.7/9.6</td><td>11,440</td><td>45.6</td><td>86.2</td></tr>
</table>

（オムロン（株）ミニパワーリレーカタログより）

表4.3　リレーの接点仕様

<table>
<tr><th>極数（接点構成）</th><th colspan="2">2極（2c）</th></tr>
<tr><th>接触機構</th><th colspan="2">シングル</th></tr>
<tr><th>負荷</th><th>抵抗負荷</th><th>誘導負荷
（cos ϕ = 0.4, L/R = 7ms）</th></tr>
<tr><td>定格負荷</td><td>AC220V 5A
DC24V 5A</td><td>AC220V 2A
DC24V 2A</td></tr>
<tr><td>定格通電電流</td><td colspan="2">5A</td></tr>
<tr><td>最大開閉電圧</td><td colspan="2">AC250V DC125V</td></tr>
<tr><td>最大開閉電流</td><td colspan="2">5A</td></tr>
<tr><td>最大開閉電力</td><td>AC1,100VA
DC120W</td><td>AC440VA
DC48W</td></tr>
<tr><td>接点材質</td><td colspan="2">Ag</td></tr>
</table>

（オムロン（株）ミニパワーリレーカタログより）

▼図4.6　リレー接点の電流容量と動作寿命

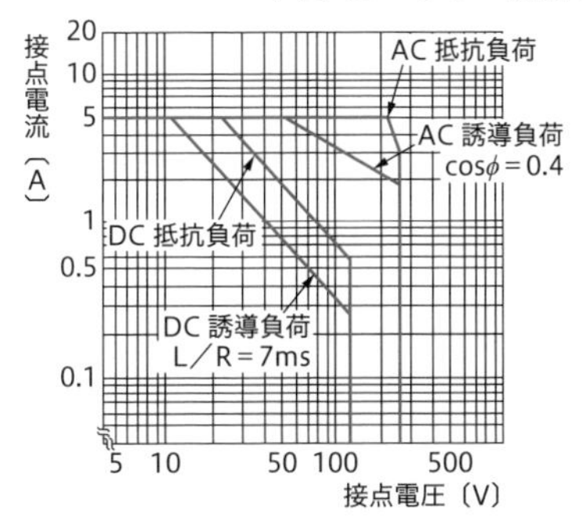

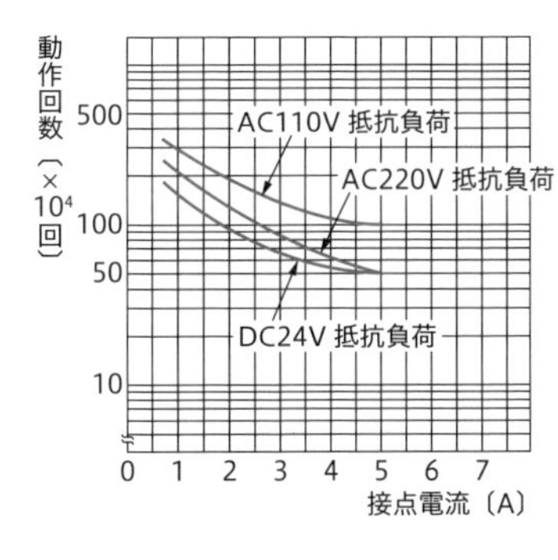

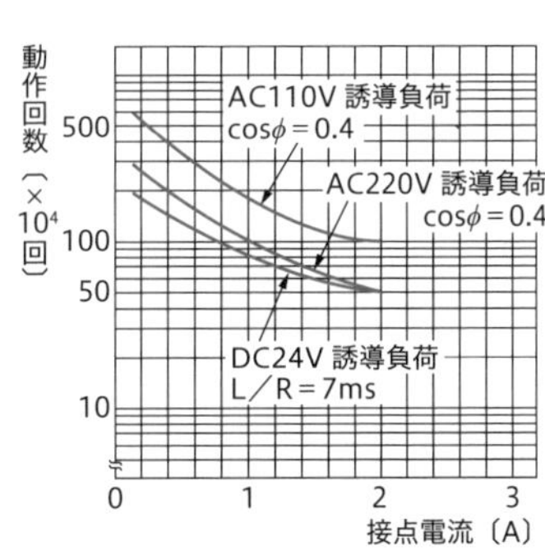

（オムロン（株）ミニパワーリレーカタログより）

③　接点の数

回路で必要な接点数を確認し，その接点数をもつリレーを選択します．汎用リレーでは複数回路のc接点有しています．図4.7に2つのc接点を有するリレーの端子構成図を示します．

▼図4.7　リレーの端子構成図

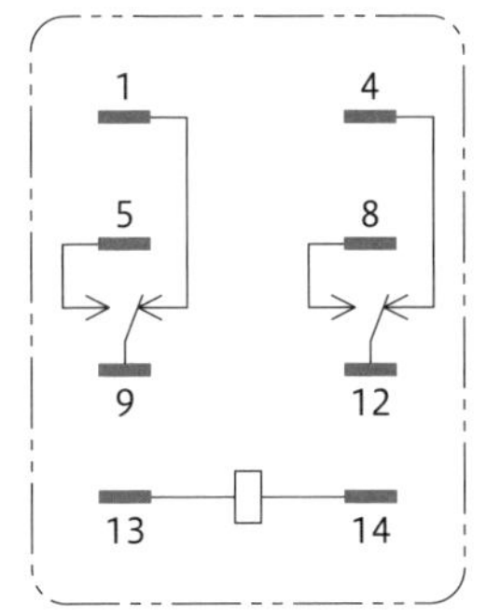

端子 No
5-9，8-12：a 接点
1-9，4-12：b 接点
13-14　　：コイル

（オムロン（株）ミニパワーリレーカタログより）

④　その他の仕様

リレーの端子構造，コイルの励磁表示やサージ吸収回路内蔵の有無などについてチェックし，要求に合わせてその型式を選定します．

Q29 センサの原理と種類は？

筆者 これはあるメーカのセンサのカタログ集だ．

エネ子 すごい厚さですね．センサってこんなに種類があるんですね．

筆者 種類が多いね．家でもいろいろなセンサを使っているよ．

エネ子 どんなセンサですか？

筆者 例えば玄関のドアの開放センサ，庭の明かりの自動点滅，台所の天井の煙センサなどいっぱいあるね．

エネ子 センサって身近なものなんですね．

A29 センサは測定すべき物理量，化学量をそれらと一定の関係にある電気量（電圧，電流，抵抗など）に変換する機能を有します．センサの概要と機械的な位置検出センサであるリミットスイッチについて調べてみましょう．

1 センサの原理と種類

図4.8に示すようにセンサの働きは，検出対象からの出力を等価な電気量に変換することです．これらの電気量は増幅，演算などの電気的処理を経て，必要に応じて数値として表示されたり，機器を駆動する制御信号に変換されます．一般

にセンサはセンサ単体ではなく，図に示す電気的な処理機能を含んだ部品や機器として提供されます．表4.4に物理量，化学量の検出方法とそれを用いた代表的なセンサ，測定器の例を示します．

▼図4.8　センサの信号と流れ

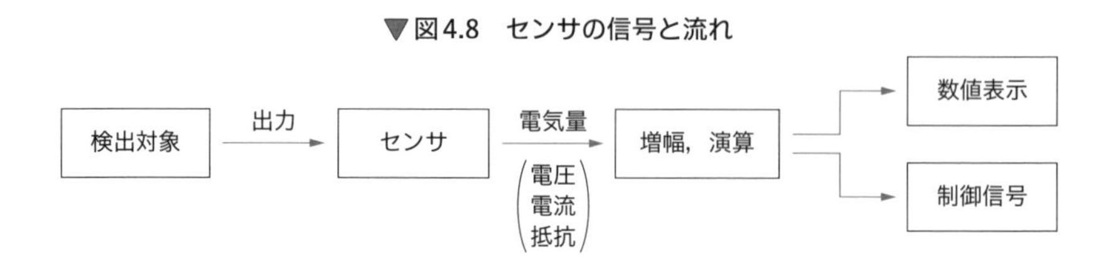

表4.4　物理量，化学量の検出方法とセンサ，測定器の例

	検出対象	検出方法	センサ，測定器の例
物理量	物体の有無 位置	光の透過，反射	光電センサ
		磁性の有無	近接センサ
		物体の発熱	赤外線センサ
	温度	熱起電力の発生	熱電対
		金属の電気抵抗変化	白金測温抵抗体
		金属酸化物半導体の抵抗変化	サーミスタ
	圧力 ひずみ	半導体のひずみによる抵抗変化	ピエゾ素子
		誘導体のひずみによる電圧発生	圧電素子
	流量	オリフィス前後の差圧	差圧流量計
		障害物後流のカルマン渦	渦流量計
化学量	湿度	多孔質セラミックの吸湿による容量変化	陽極酸化膜
		湿気吸着による発振周波数変化	水晶振動子
	ガス検知	金属酸化物の抵抗変化	酸化錫ガスセンサ
		電位差の発生	ジルコニア酸素センサ

センサにはそれぞれ検出原理に基づく特徴があります．例えば，光を利用したセンサは，検出対象物の材質にはこだわりませんが，光の投光または受光部に油，ほこりなどの汚れが付くと機能に支障がでます．また，磁性を利用したセンサは汚れなどには強い代わりに，検出対象物が磁性体でないと使用できません．このようにセンサを用いるときは，使用環境や検出対象物をよく勘案して適切なものを選択しなければなりません．

2 リミットスイッチ

リミットスイッチは，物体の位置の検出を機械的に行う部品です．図4.9に示すような外観を有しており，検出対象物がリミットスイッチのプランジャやアームを直接作動させ，内部のマイクロスイッチを開閉させるので，動作の確実性が高いのが特徴です．プランジャ，アームの形状を選択することにより，各種の機械的動作を検出することができます．エレベータのドアの開閉検出，台車の停止位置の検出や光や磁気を用いた非接触センサの後備保護用として，機械装置では幅広く用いられています．

▼図4.9　リミットスイッチの外観

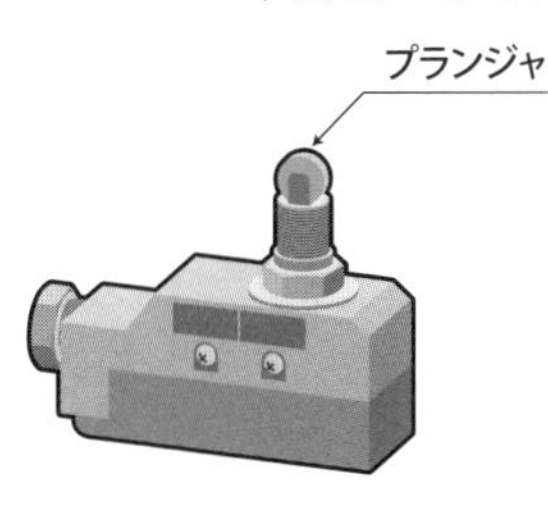

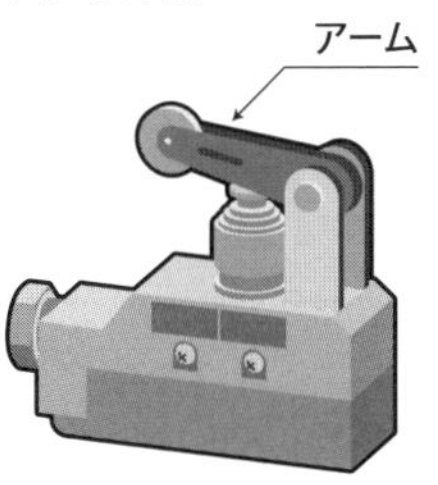

センサの原理となる現象

センサの原理となる主な物理現象を表4.5に示します．センサはこれらの物理現象を詳しく追求した結果の産物ともいえます．

表4.5　センサの原理となる物理現象

物理現象	内　容
ゼーベック効果	異種金属の接合点に温度差を与えると起電力が発生する
ホール効果	半導体にそれぞれ直交する磁界と電流を与えるとその積に比例する電圧が発生する
ピエゾ効果	単結晶シリコンに不純物を拡散して形成した抵抗体にひずみを与えると電気抵抗が変化する
光電効果	半導体に光を照射すると光の強弱に応じて電気抵抗が変化する
圧電効果	強誘導体に衝撃力を与えると電圧が発生する

光電センサ，近接センサを教えて？

エネ子 工場の機械にはセンサが多く使われてますね．

筆者 その中でも物体の有無や位置を検出するセンサが多いかな．

エネ子 光電センサと近接センサがよく使われますよね．

筆者 そうだね．よく似たセンサだが原理が異なるから，検出対象物や使用環境で使い分けが必要だよ．

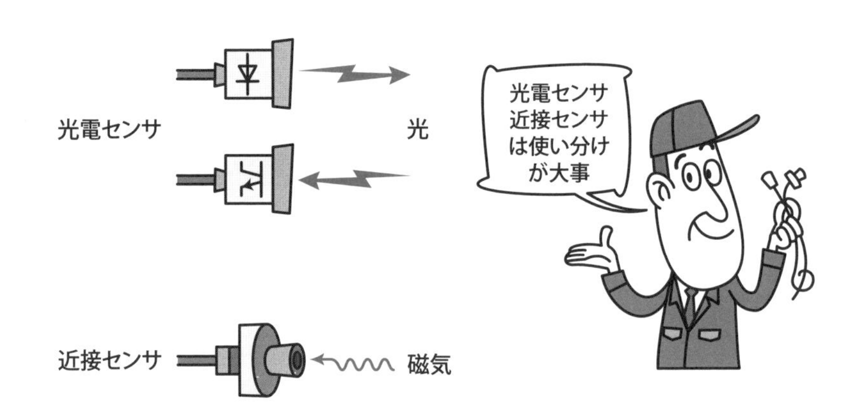

A30 光電センサ，近接センサは機械設備に数多く使用されているセンサです．これらのセンサは，物体の検出ということでは類似の機能を有しますが，その原理の違いから使われ方が異なるので詳しく調べてみましょう．

1 光電センサ

1-1 光電センサの種類

光電センサは光のさまざまな性質を利用して，物体の有無や表面状態の変化を検出するセンサです．光電センサは，光を出す投光器と光を検出する受光器から構成されています．投光された光が検出物体によって遮られたり，反射されたりすると受光器に達する光の量が変化するので，受光器はこの変化を検出して電気信号に変換し出力します．

光電センサは，光の検出方法によって表4.6のように分類することができます．表に示すようにそれぞれ特徴を有するので，使用目的，検出物体の種類，環境などによって使い分けることが必要です．なお，使用される光は可視光（主に赤色が使用される，色判別には緑色，青色が用いられる）と赤外光が用いられます．

表4.6　光電センサの分類

		光の検出方法	特　徴
透過型		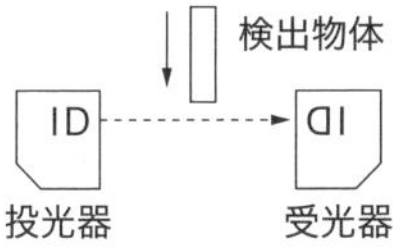 検出物体 ID → ID 投光器　受光器	●動作の安定度が高い ●検出距離が長い（最大数十m） ●透明物体の検出不可 ●光軸調整が必要
反射型	回帰反射型	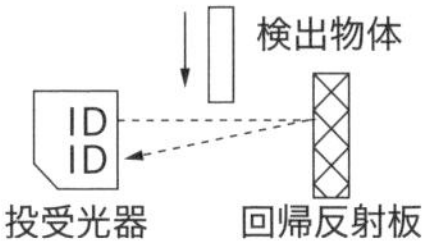 検出物体 ID ID 投受光器　回帰反射板	●透明体の検出可 ●光軸調整容易 ●MRS※機能がある ●検出距離が短い（数cm～数m）
	拡散反射型	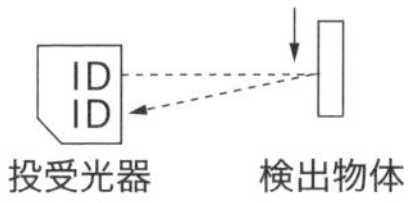 ID ID 投受光器　検出物体	●光軸調整不要 ●反射物体なら透明体も検出可 ●色判別可 ●検出距離が短い（数cm～数m）

※MRS：Mirror Surface Rejectionの略で検出物体の表面が鏡面の場合でも安定して受光できる機能

1-2 透過型光電センサの入出力方式と電気的仕様

光電センサの中で多く用いられる汎用タイプの透過型光電センサの投光器，受光器の入出力方式と電気的仕様を図4.10に示します．受光器の出力は，トランジスタによるオープンコレクタ出力（コレクタが開放されている状態）になっており，スイッチとしてのトランジスタの電流容量は最大100mA，スイッチON時のコレクタ，エミッタ間の残留電圧は負荷電流100mAのとき0.8V以下です．なお，センサ付属の切替えスイッチで入光時に出力がONするタイプと入光時にOFFするタイプを選択することができます（a接点，b接点の機能と類似しています）．

▼図4.10　透過型光電センサの入出力方式と電気的仕様

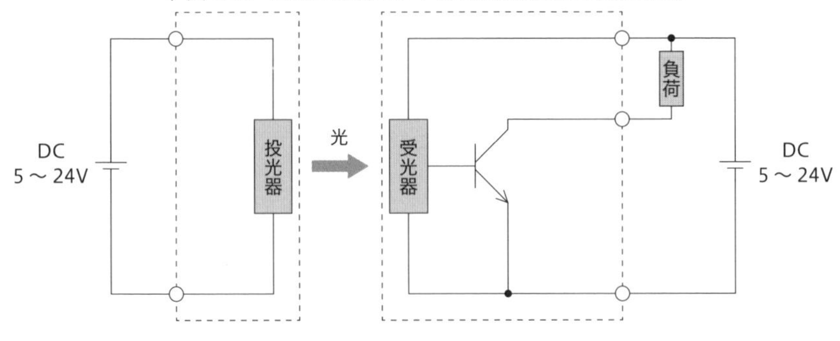

項　目	電気的仕様
検出距離	1m
電源電圧	DC5～24V
消費電流	投・受光器　各20mA以下
制御出力	NDNオープンコレクタ出力 負荷電流100mA以下 オフ電流0.5mA以下 残留電圧0.8V以下（負荷電流100mA）

（オムロン（株）透過形フォト・マイクロセンサEE-SPW311/411カタログより）

2 近接センサ

2-1 近接センサの種類

近接センサは，先に説明したリミットスイッチのような機械的接触による検出ではなく，検出対象物に接触することなく，その移動情報や存在情報を電気的信号に変換するセンサです．近接センサは検出対象物に磨耗や損傷を与えないこと，光電センサと異なり水，油，ほこりなどの影響を受けないこと，リミットスイッチに比べて高速応答が可能なことなどの特徴をもちます．

近接センサは，検出方法により表4.7のように分けられますが，誘導型や静電容量型では同じ周波数を使うセンサを平行または対向させて取り付ける場合，相互の干渉を避けるため，設置間隔などに制約が生じるので注意を要します．

2-2 近接センサの出力方式と電気的仕様

近接センサの出力方式と電気的仕様は表4.8に示すように，直流2線式，直流

表4.7　近接センサの分類

	検出方法		検出対象物
誘導型	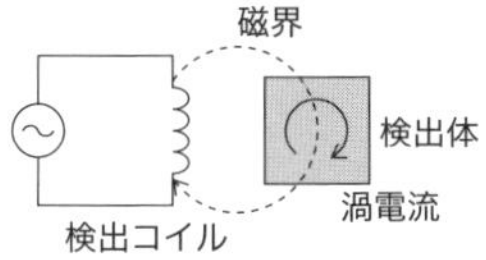 磁界 検出体 渦電流 検出コイル	検出体に発生する渦電流によるセンサコイルのインピーダンス変化を検出	●鉄，アルミ，真ちゅう，銅などの金属
静電容量型	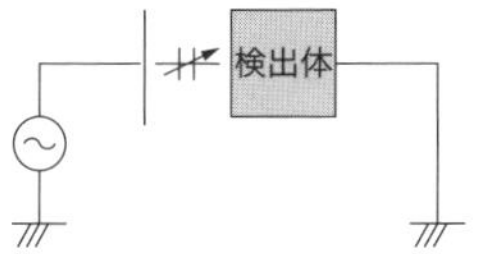 検出体	検出体とセンサ電極間の静電容量の変化を検出	●金属，樹脂，液体，粉体など
磁気型	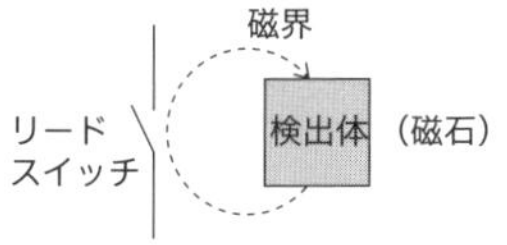 磁界 リードスイッチ 検出体（磁石）	検出体（磁石）の接近によるリードスイッチの動作	●磁石

3線式があります．2線式は出力がOFFの状態でも1mA前後の漏れ電流があるので，負荷（例えばリレーなど）の動作電流が小さい場合は，負荷の誤動作を引き起こすことがあります．そのような可能性のあるときは，出力回路に漏れ電流のない3線式を用いなければなりません．

表4.8　近接センサの出力方式と電気的仕様

出力方式		電気的仕様				
		検出距離	検出可能物体	電源変圧	漏れ電流	制御出力
直流2線式	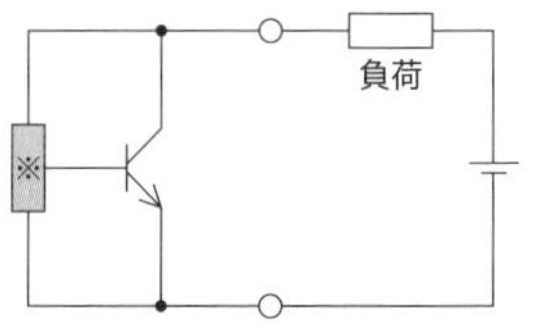 ※ 負荷	1.6mm	磁性金属	DC12～24V	0.8mA以下	開閉容量 3～50mA以下 残留電圧 3V以下 （負荷電流50mA）
直流3線式	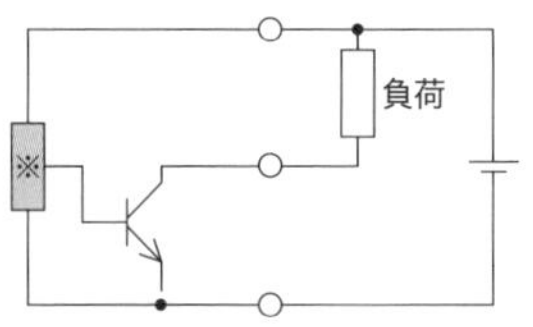 ※ 負荷	1.6mm	磁性金属	DC12～24V	≒0	開閉容量 50mA以下 残留電圧 1V以下 （負荷電流50mA）

※センサ主回路　　（オムロン（株）超小型タイプ近接センサE2S-W11/12，W13/14カタログより）

調節器とは？

エネ子＞ フィードバックってどういうことですか？

筆者＞ そうだな，君は熱いお風呂をうめる時にいっぺんに水を入れるかい？

エネ子＞ いえ，湯加減をみながら水を入れますが．

筆者＞ そうだね．指でお湯の温度を感じて，頭でもう少しうめようと判断して，手にその指示を与えるわけだね．この一連の動作をフィードバックというんだよ．

エネ子＞ なるほど，情報のループができているわけですね．

筆者＞ この例で頭の働きをする電子機器を，自動制御の世界では調節器と呼んでいるんだ．

A31 上に述べたエネ子さんのお湯をうめる操作を自動制御の面から分析，整理してみます．その上でフィードバック制御と調節器の概要およびPID制御について調べます．

1 フィードバック制御と調節器

エネ子さんがお湯をうめる操作をもう少し詳しく見てみましょう．エネ子さんは指でお湯の温度を確認しながら自分が適温と思う温度に達するまで，水道の蛇口の開度を調節してお湯をうめ，適温になったらを蛇口を閉めます．

自動制御の分野では，上記の操作の状況を図4.11に示す用語を用いて表します．さらに，この用語を使ってエネ子さんがお湯をうめる操作をブロック線図で表したのが図4.12です．図のように制御量の現在の状態を検出し，常に目標値との偏差を零にするように訂正動作を行うことをフィードバック制御（Feedback Control）といいます．図中フィードバックされる信号にマイナス記号がついていますが，これは偏差を計算するため，フィードバック量を180°位相反転して加算していることを表しています．このようなフィードバックをネガテイブ･フィードバック（Negative Feedback）といいます．

▼図4.11　お湯をうめる操作と自動制御の用語との関係

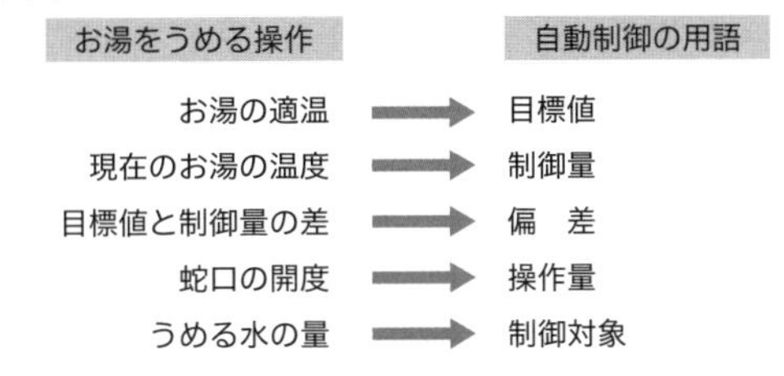

▼図4.12　お湯をうめる操作のブロック線図

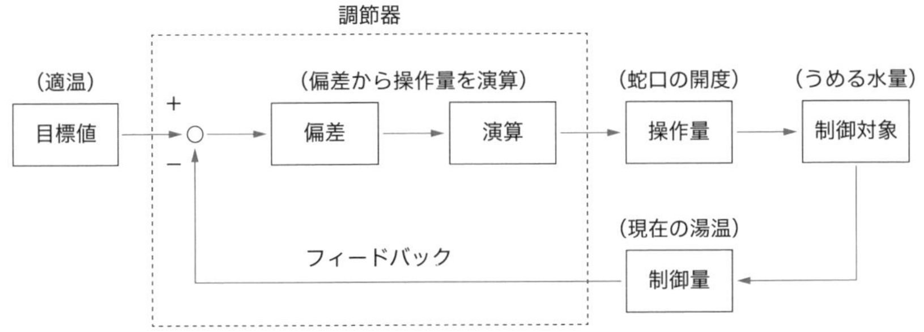

図中，点線で囲まれた部分は上の例ではエネ子さんの頭の中でなされる機能ですが，自動制御ではこの役目をする電子制御機器を調節器（Controller：コントローラ）と呼びます．調節器は目標値の入力，制御量からのフィードバック入力，操作量を決める制御出力の3つの入出力端子を備えています．図4.13に電子調節器（デジタル調節計）の外観を示します．

▼図4.13　電子調節器の外観

（画像提供：オムロン（株）　E5CD（左），E5CD-B（右））

2 PID制御

制御量が温度，流量，圧力などである制御はプロセス制御と呼ばれますが，プロセス制御には**1**で述べた調節器が使われます．調節器にはPID制御という制御方式が用いられており，PIDとはProportion（比例），Integral calculus（積分），Differential calculus（微分）の頭文字をとった表現です．

図4.14を参照しながらPID制御について説明しましょう．P制御とは，偏差に比例する出力を出す制御です．偏差の大きな領域ではすばやい応答が可能ですが，偏差の小さい部分では出力が小さくなり，最終的に目標値とのずれ（オフセット）が残ります．I制御は偏差を時間で積分した値に比例する大きさの出力を出す制御で，P制御と組み合わせると，すばやい応答とオフセットの残らない制御が実現されます（これをPI制御といいます）．また，D制御は偏差を時間で微分した値に比例する出力を出し，目標値の急激な変化や外乱に対してすばやい応答が可能になります．したがって，PID制御によればすばやく，またオフセットが生じるこ

▼図4.14　PID制御の応答

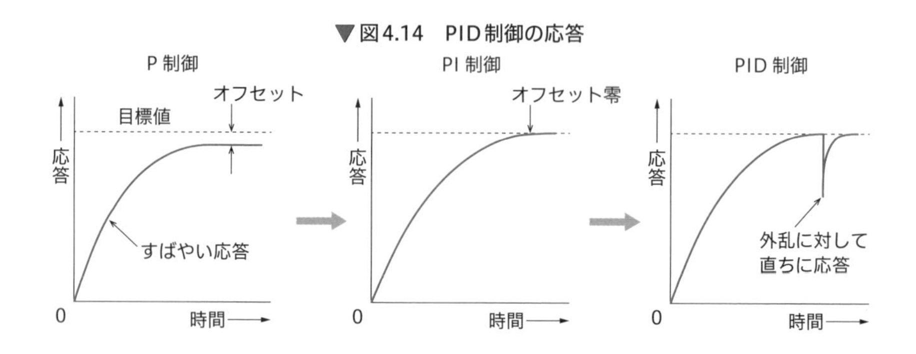

となく，外乱に対してもただちに応答する理想的な制御が可能となります．

現在の調節器は，PID制御のそれぞれの定数値（パラメータ）をユーザが自由に入力できる仕組みになっています．また，調節器にはメーカの工場出荷時に汎用的なPIDパラメータが入力されており，工場出荷時設定と呼ばれます．

フィードバックの効果

図4.12のフィードバック回路は，図4.15のように簡略化して表すことができます．ここでGは制御要素の増幅度，Hはフィードバック要素の変換比を表し，x，y，eはそれぞれ入力信号（目標値），偏差，出力信号（制御量）を表します．図から

$$y = Ge$$
$$e = x - Hy$$

となりますから，入出力間の増幅度y/xは

$$\frac{y}{x} = \frac{G}{1 + GH}$$

となります．ここで，一般に$G \gg 1$ですので，上式は$y/x = 1/H$と表されます．このことは温度などの要因で制御要素の増幅度Gが変化しても，入出力間の増幅度にはその影響が現れないことを意味します．つまり，フィードバックを設けることにより回路の安定度が上がることになります．

▼図4.15　フィードバック回路

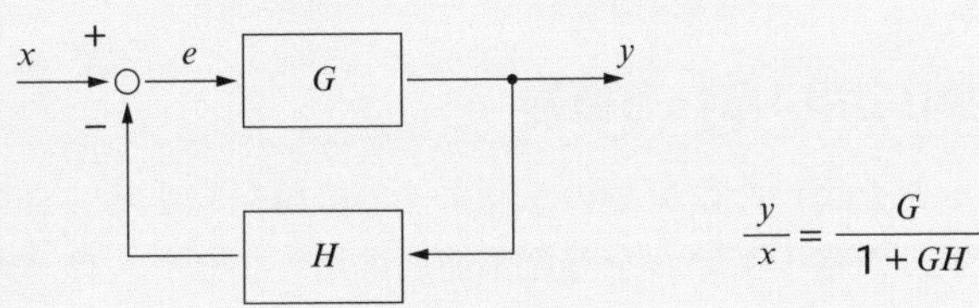

温度調節の実際は？

筆者 さっきのお湯をうめるときだが，指で温度を測るよりもっと正確に温度を測るにはどうする？

エネ子 そうですね．寒暖計をお湯に入れるとか….

筆者 それも1つだが，寒暖計は調節器につなげないよね．

エネ子 そーか．温度の出力が電気信号であればいいわけですね．

筆者 そうだよ．温度センサを含めて温度調節の話をしよう．

A32

電気炉の温度調節をモデルにして，温度調節に必要な機器（温度調節器，温度センサ，電力調節器）とそれらの働きを解説します．

1 温度調節に用いられる機器

図4.16にヒータを用いた電気炉の温度調節の機器構成を示します．温度調節器（図4.13に示した電子調節器を温度調節に応用しました．以降温調器と略称します）のほかに温度センサ，電力調節器から構成されています．温調器は炉

の目標温度とフィードバックされた炉内温度の偏差に応じた制御出力を電力調節器に出力し，電力調節器は制御出力に応じてヒータの電力を調節します．

▼図4.16　電気炉の温度調節に用いられる機器

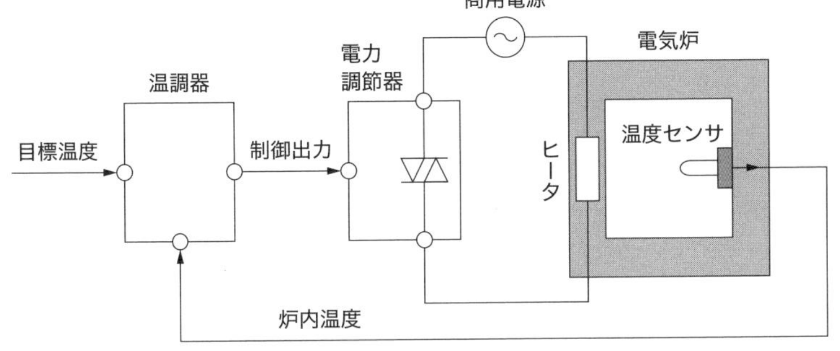

温調器からの制御出力と炉内温度の変化の様子を図4.17に示します．加熱の初期は炉内温度が低く偏差が大きいため，温度を急速に立ち上げるべく連続した制御出力が電力調整器に与えられ，電力調節器はONを継続します．温度が目標値に近くなると，制御出力はON，OFFを繰り返し，ヒータに与える電力を調整しつつ炉内温度を目標値に一致させます．温度の立上げには先に述べたP制御が，温度が目標値に近づくとI制御が機能していることがわかります．

▼図4.17　制御出力と炉内温度

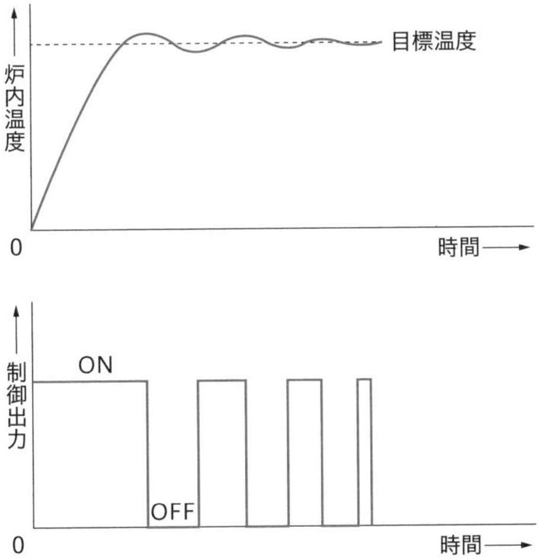

2 温度センサ

温度センサとしては白金測温抵抗体，熱電対，サーミスタなどがありますが，それぞれの温度検出の原理と特徴をまとめたのが表4.9です．通常，工業用として低温域（～500℃）では白金測温抵抗体が，高温域（～1,500℃）では熱電対が用いられます．白金測温抵抗体ではその電気抵抗が，熱電対では熱起電力が温調器の入力となります．温調器はこれらのアナログ入力をデジタル信号に変換し，必要な演算処理を行います．また，サーミスタは簡易な温度測定に応用されています．

表4.9　温度センサの原理と特徴

温度センサ	原　理	特　徴
白金測温抵抗体	白金の電気抵抗が温度と一定の関係にあることを利用する 白金は抵抗の安定性，再現性に優れ，均一の材質のものをつくりやすい	●測定精度が高い ●化学的に安定 ●比較的低温の測定に適する
熱電対	2種の金属の接合点に与えられた温度差に比例して発する熱起電力を利用する	●温度測定範囲が広い ●冷接点補償や補償導線が必要
サーミスタ	複数の金属酸化物の焼結体で半導体の性質を示す．負の大きな抵抗の温度係数を利用する	●素子が安価で簡易測定に適する ●測定範囲が狭い

2-1 白金測温抵抗体

一般に金属の抵抗変化は温度変化に比例します．金属の中で白金は高温に耐え，かつ化学的に極めて安定なことから測温体として用いられます．白金測温抵抗体には型式記号Pt100が標準的に用いられます．Pt100の抵抗値は0℃で100Ω，基準抵抗比（100℃の抵抗値／0℃の抵抗値）が1.3851と小さいので，測温体から温調器まで至るまでの導線が長い場合に，導線抵抗の影響を受けやすくなります．この影響を取り除くため，図4.18に示す3導線式を用いるのが一般的です．

▼図4.18　3導線式による測温

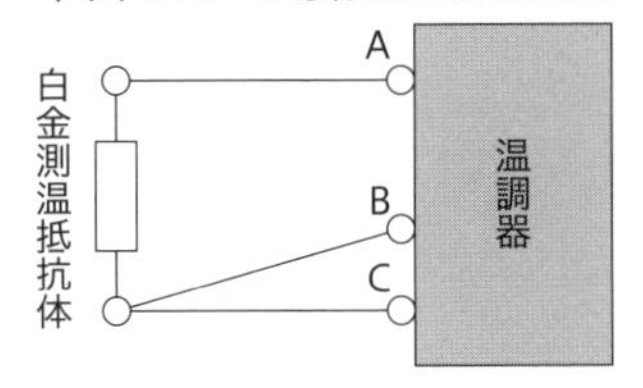

2-2 熱電対

汎用的に用いられる熱電対は，表4.10に示すように型式記号J，K，Rの3種類があります．この中でJは価格も安く熱起電力も大きいのですが，鉄が酸化されやすいので高温での使用には不向きです．

表4.10　汎用熱電対の種類

形式記号	金属の組み合わせ（+）	（−）	温度範囲〔℃〕
J	鉄	コンスタンタン	−40～600
K	クロメル	アルメル	−200～1,000
R	白金 13%ロジウム	白金	0～1,400

熱電対で温度測定側の接続点を温接点，基準側の接続点を冷接点といいますが，冷接点（温調器の端子接続部）の温度が変動すると，温接点の温度が同じでも熱起電力の大きさが変化します．そのため，図4.19のように温調器では別の温度センサで冷接点の温度を検出し，常に冷接点が0℃になっているよう電気的な補正を加えています．これを冷接点補正といいます．

また，熱電対と温調器間の導線には，使用する熱電対の起電力特性に合った材料で構成される補償導線を用います．補償導線には一般用（−20～90℃），耐熱用（0～150℃）があります．

▼図4.19　冷接点補正の原理

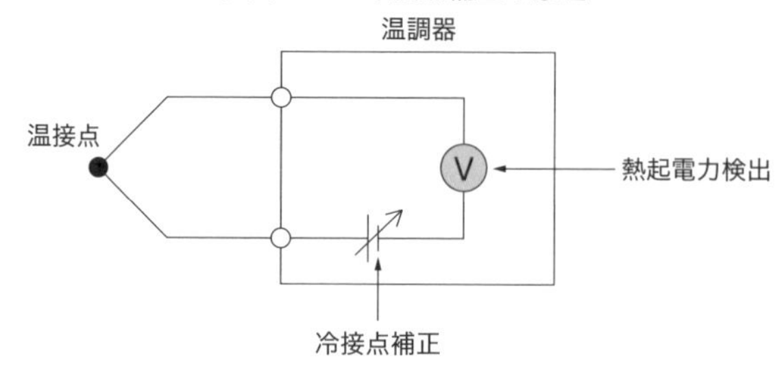

3 温調器の制御出力と電力調節器

調節器の制御出力は，表4.11に示すようにON/OFF出力とアナログ出力の2種類があります．さらにON/OFF出力は，リレーによる有接点出力とDC電圧（5, 12, 24V）のパルス出力に分けられます．前者は電力調節器として電磁開閉器を用いる場合に使用され，開閉頻度の低い制御方式です．後者は高頻度の開閉に適したサイリスタ，トライアックを用いた電力調節器に対応します．

アナログ出力はDC4～20mA（またはDC0～20mA）の電流出力，DC0～5V（または0～10V）の電圧出力を連続的に出力します．この電流または電圧の値に追従したサイリスタによる位相制御，トライアックによるサイクル制御（Q＆A24参照）を用いることで，精密な温度調節が可能になります．

表4.11　温調器の制御出力と対応する電力調整器

制御出力	出力形態	電力調節器
ON／OFF	リレー接点	電磁開閉器
	電圧パルス（DC5，12，24V）	半導体スイッチ（サイリスタ, トライアック）
アナログ	DC4～20mA（0～20mA）DC0～5V（0～10V）	同上

直流パワーサプライってなに？

筆者 先週，工場のメイン装置が停まったんだって，原因は？

エネ子 はい，制御電源のDC24Vの直流パワーサプライがダウンしたんです．至急新品を取り寄せて交換，復旧したのですが丸1日装置をストップさせてしまいました．

筆者 ダウンの原因は？

エネ子 直流パワーサプライの通気孔に埃が詰まったままだったので，内部の温度が上がって部品がNGになったみたいです．

筆者 そうか．遅かりしだけど定期点検の項目に直流パワーサプライも加えておきたまえ．

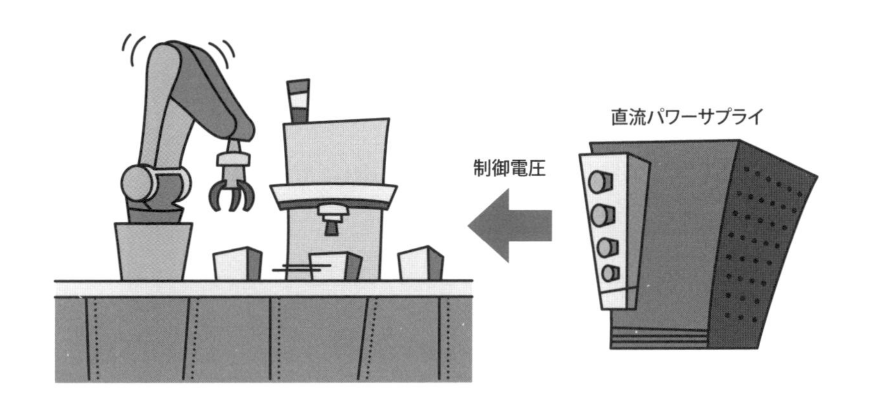

A33

直流パワーサプライ（DC Power Supply）は，制御回路のいわばエネルギー源ですから，上の会話のようにこれが停電すると，装置は制御不能となり停止してしまいます．その結果，多大な損失が発生することも予想されますので，メンテナンスを怠らないよう注意が必要です．

1 直流パワーサプライとは

半導体を用いた電子回路は，先に述べたように直流電圧で駆動され，デジタル回路系はDC5V，アナログ回路系はDC12Vまたは15Vが用いられます．また，リレーなどを用いた制御回路はその規模にもよりますが，多くはDC24Vが用いられます（表4.1参照）．これら直流回路の専用電源を直流パワーサプライといい，その代表選手が次に述べるスイッチングレギュレータです．

2 スイッチングレギュレータ

スイッチングレギュレータはユニット化された商用入力の小型，高効率の直流パワーサプライです（図4.20参照）．その回路ブロック図と各部の電圧，電流波形を図4.21に示します．商用入力は整流され，脈動分を吸収された直流になります．次に直流電流を半導体スイッチ素子（パワーMOSFET）によって高周波で断続し，高周波トランスを介して電圧変換します．2次側の矩形波状の交流電圧は整流，平滑されて直流出力となります．なお，出力電圧を安定化させるため，出力電圧の変化に応じてスイッチ素子の断続比率を調整するようフィードバックが設けられています．

▼図4.20　スイッチングレギュレータの外観

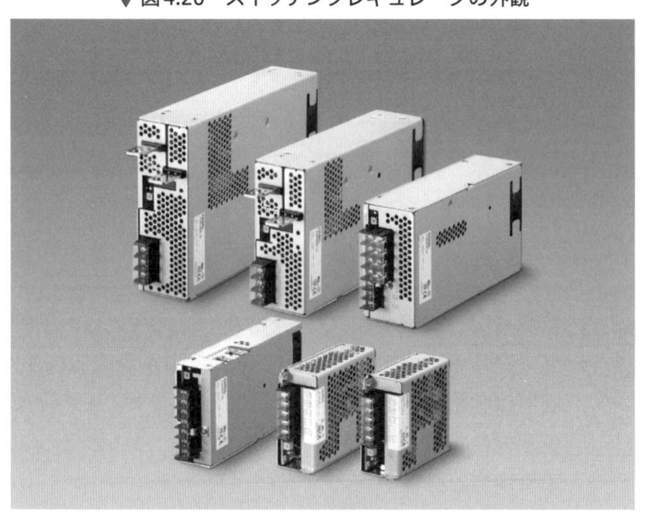

（画像提供：コーセル（株）　PJAシリーズ）

▼図4.21　スイッチングレギュレータの回路ブロック図と各部の波形

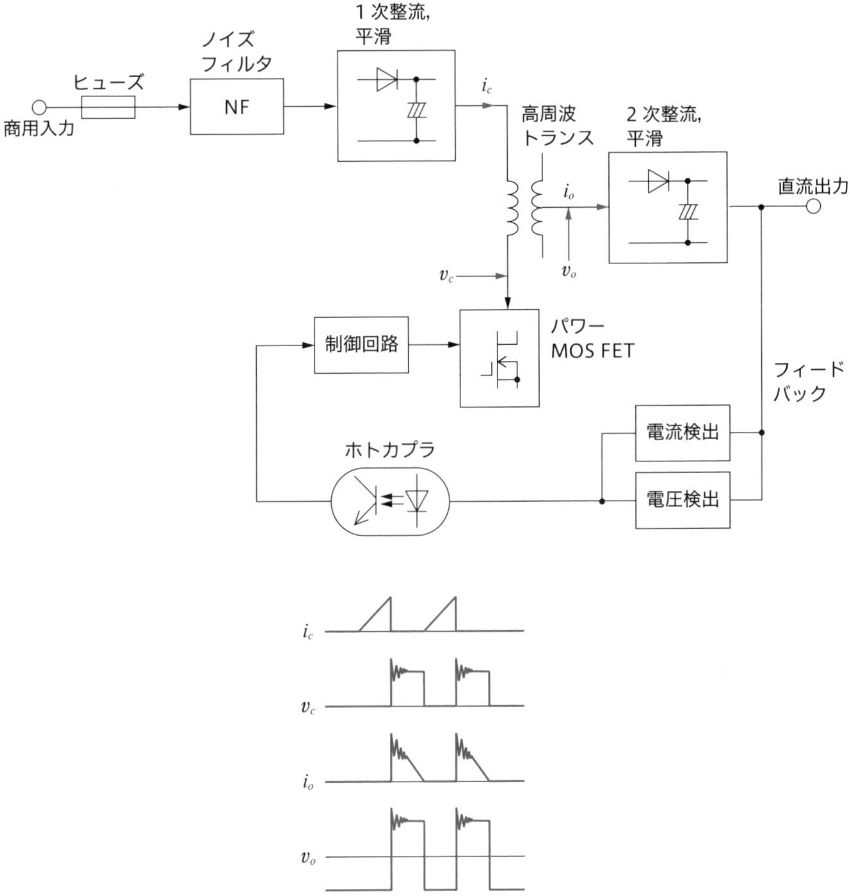

多くのスイッチングレギュレータは，商用入力電圧がAC85～264Vの範囲で使用可能なワールドワイド仕様（世界のどこでも使用できる商用電圧仕様）になっています．標準出力電圧は5，12，15，24V，出力容量は10～500Wの間で標準化されており，適切な容量の選択ができます．

停電の時に必要な電気はどうする？

エネ子　この間，雷雨で電力会社の停電があって受電所へ飛んで行ったのですが，監視の電源やコンピュータが生きていました．なぜですか？

筆者　あー，それはUPSが働いていたからだよ．

エネ子　UPS…？

筆者　商用電源が停電したとき，安全確保のため一定の時間重要な設備に無停電で電力を供給し続ける装置だよ．

エネ子　なるほど，UPSは縁の下の力持ちですね．

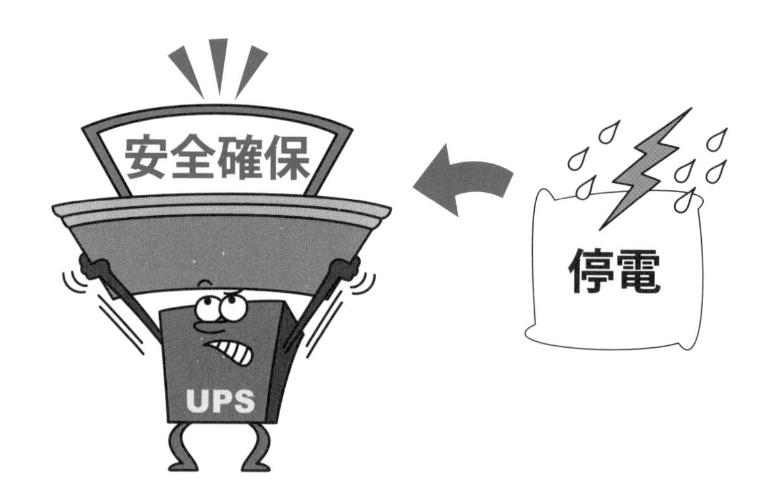

A34

商用電源に停電が発生したとき，受電設備や主要な機械設備などではシステムの安全確保のため，制御回路やコンピュータネットワークの運転を一定時間継続する必要があります．このための電源供給の役割を担うのが交流無停電電源（Uninterruptible Power Supply：略してUPS）と呼ばれる機器です．

1 交流無停電電源

UPSは，図4.22のように商用電源の停電発生時に内蔵されているバッテリからインバータ（直流/交流変換器）を通して，負荷となっている機器に無停電で安定な交流電力を供給する機能を有しています（このような機能をバックアップといいます）．なお，バッテリは常時，商用電源から100％の状態に充電されています．汎用のUPSでは，バッテリから機器に電力を供給できるバックアップ時間は通常，定格負荷で5～10分です．バッテリを増強すればUPSの容量にもよりますが，30～60分程度まで延長することが可能です．

▼図4.22　UPSの給電方法

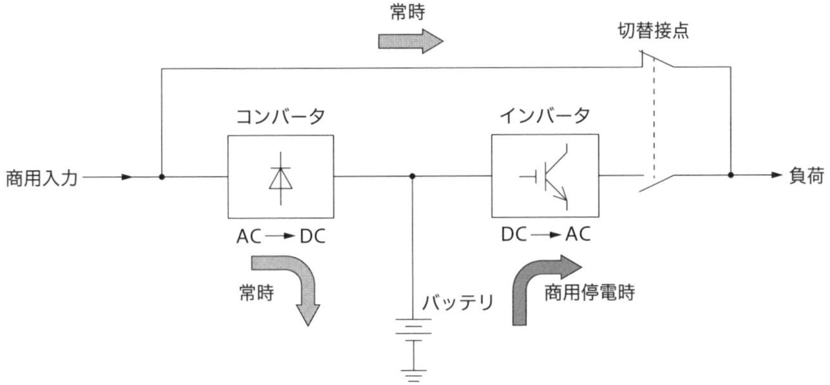

2 コンピュータとの連携

コンピュータのネットワーク化が進む中で，電源供給の核となるUPSには停電時の単なる電源バックアップだけではなく，コンピュータとの連携に関わる多様な機能が備わっています．その代表的なものは次の通りです．

① コンピュータOSのシャットダウン処理

コンピュータは電源を切る前にOS（Operating System：プログラムの実行を制御するソフトウェア）のシャットダウン処理が必要です．シャットダウン処理を行わないとメモリ上のデータが消失したり，最悪の場合，ファイルデータが破壊されることがあります．したがって，図4.23に示すように停電が発生した際，UPSは一定時間バックアップ運転を行った後，コンピュータOSのシャットダウン処理を実行し，その後UPS自身が停止します．このOSのシャットダウン処理はコンピュータとの連携のなかで最も重要な機能です．

▼図4.23　UPSによるコンピュータOSのシャットダウン処理

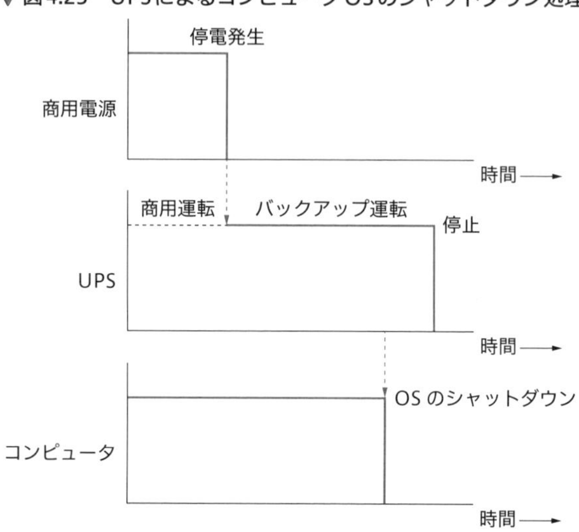

②　スケジュール管理運転

週間，月間の稼動スケジュールに従い，UPSを自動的に始動，停止させることでコンピュータの省エネ運転が可能になります．

③　UPSの遠隔管理

UPSの運転状態，電気的データ，バッテリの残存寿命などの情報がネットワークを通して遠隔監視ができます．また，停電をはじめその他のイベントが発生したとき，イベントごとにUPSに所定の処置をとらせることができます．

第5章

自動化の頭脳
シーケンス制御

シーケンス制御は，あらゆる生産設備の自動化の手段として幅広く使われています．本章ではシーケンス制御の基礎を知るために，リレーを用いたシーケンス制御（以後リレーシーケンスと略します）について解説します．また，その理解を深めるため，実際にシーケンス回路を設計してみることにします．最後にシーケンス制御専用のコンピュータであるPLCについて，その概要を解説します．

シーケンス制御とは？

エネ子＞ シーケンス制御って何だかとっつきにくくて….

筆者＞ 初めての人にはそう感じるかもしれないね．まずはリレーを使ったシーケンス制御の初歩を勉強するとわかりやすいよ．

エネ子＞ それとシーケンス図をみると頭の中がゴチャゴチャになっちゃって….

筆者＞ まー，あわてずに．まず図の記号や図の描き方を理解することから始めよう！

A35 現場を管理する電気エンジニアにとって，シーケンス制御は必須科目といってもよいでしょう．以下リレーシーケンスについて，その基礎から勉強していきます．

1 シーケンス制御とは

シーケンス制御（Sequence Control）は，前章で学習したフィードバック制御と並んで，自動制御の一方式として位置づけられています．シーケンス制御とは例えば，交通信号における青，黄，赤ランプの点滅の繰返しのように，あらかじめ定められた順序に従って制御の各段階を進めていく制御方式をいいます．

シーケンス制御は生産設備の自動化の目的で，幅広く利用されていますが，初めて出会ったエンジニアは回路の動きを読み解くのに頭を抱えてしまうこともあるようです．しかし，リレーを用いたシーケンス制御について，その基礎から順次理解していけば難しいものではありません．

2 リレーシーケンスの基礎

2-1 文字記号と図記号

シーケンス制御で用いられる図や記号はJISに定められています．シーケンス図や文字記号などはJIS C 0401「シーケンス制御用展開接続図」，また，図記号はJIS C 0617-7「電気用図記号」に記載されています．表5.1に示すのは，リレー

表5.1　リレーシーケンスで用いられる文字記号と図記号

名称	文字記号	図記号	
		系列1	系列2
押しボタンスイッチ a接点	BS		
b接点			
表示灯（ランプ）	SL	色を明示したいときは，次の記号，文字を図記号の近くに記入する．RD-赤　BU-青　YE-黄　WH-白　GN-緑	
リレーのコイル	R	タイマ，電磁接触器などのコイルも同じ図記号である．	
リレーのa接点			
b接点			
タイマのa接点	TLR		
b接点			
電磁接触器の a接点	MC		
b接点			

系列1は現用記号，系列2は旧記号

シーケンスで用いられる文字記号と図記号です．図記号の系列2は旧タイプのJISで，年代の古い装置のシーケンス図に用いられています．本書では系列1の図記号を用いることにします．

2-2 シーケンス図

各制御部品の図記号を用いて回路の動作の順序を表した図をシーケンス図，または展開接続図といいます．部品を接続する接続線が左右方向である図を横書きシーケンス図，上下方向である図を縦書きシーケンス図といいます．本書では横書きを採用します．

横書きシーケンス図の書き方は次の通りです（図5.1を参照）．

① 左と右に制御母線を引く．直流の場合は左が＋極，右が－極を表し，P，Nの記号を用います．また，交流の場合は左が非接地線，右が接地線を表し，R，Sの記号を用います．

② 制御部品は表5.1の文字記号，図記号を用います．

③ 制御部品は左から右に動作の順に置き，部品を結ぶ接続線は制御母線の間に水平線で描きます．

④ 制御母線の間に多数のブロックの接続線が接続される場合は，動作の順序に従い上から下の順に描きます．

▼図5.1　シーケンス図（横書き）の描き方

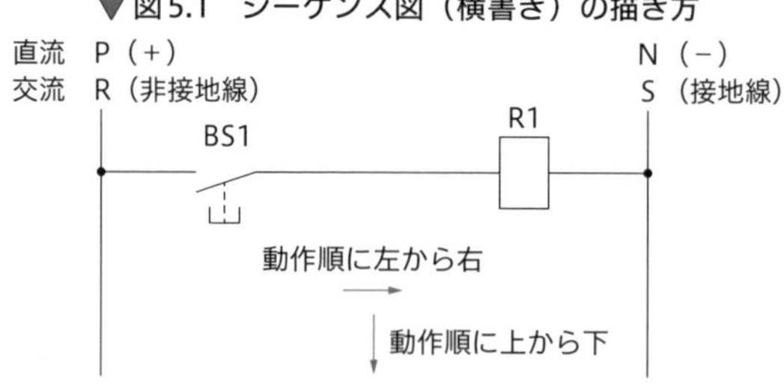

2-3 タイムチャート

タイムチャート（Time Chart）は横軸に時間の経過を，縦軸に制御部品の動作状態を表したものです．図5.2（a），（b）は押しボタンを押している間，ランプが点灯するシーケンス図とタイムチャートです．また，図5.3（a），（b）は押しボタンの動作によって，リレーRのa接点Raを介してランプが点灯するシーケンス図とタイムチャートです．押しボタン，リレーの動作とタイムチャートの関係を確認してみてください.

▼図5.2　押しボタンとランプのシーケンス図とタイムチャート

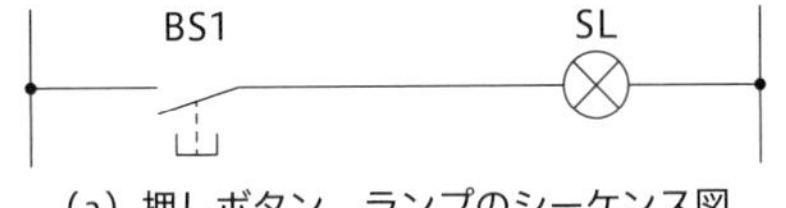

（a）押しボタン，ランプのシーケンス図

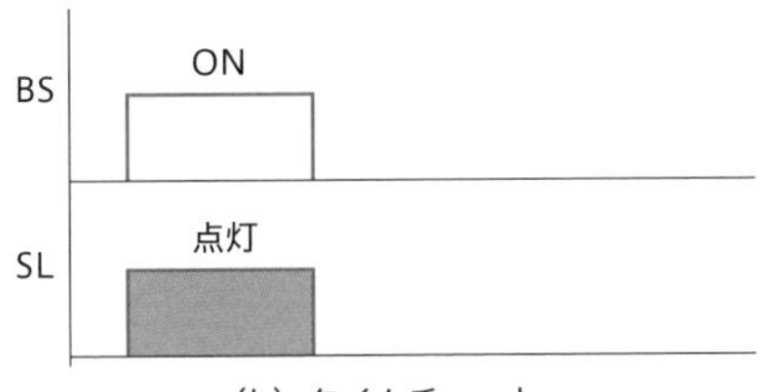

（b）タイムチャート

▼図5.3　押しボタン，リレー，ランプのシーケンス図とタイムチャート

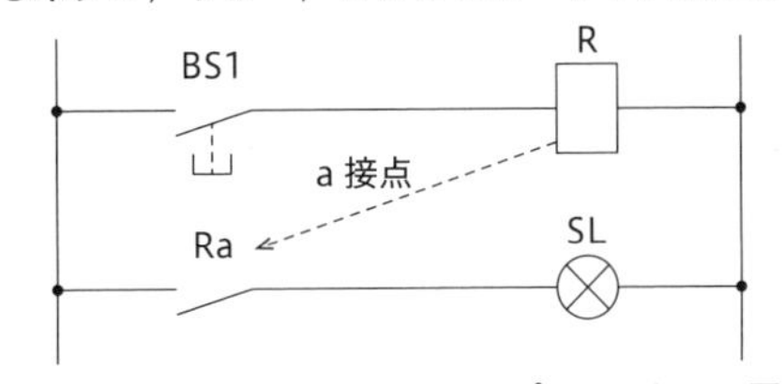

（a）押しボタン，リレー，ランプのシーケンス図

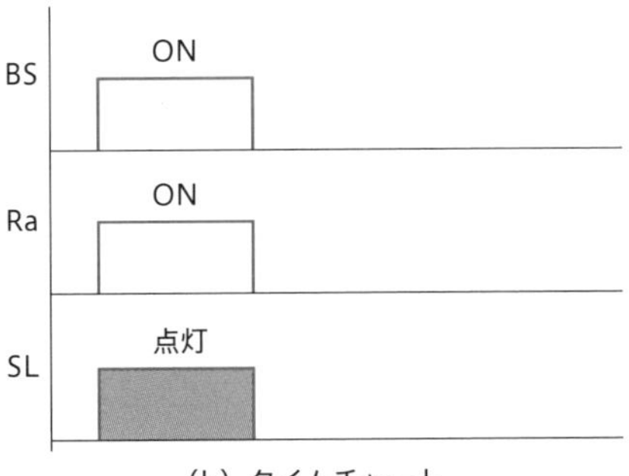

（b）タイムチャート

chapter 5 Q36 リレーシーケンスの基本回路は？

筆者 どうだい．リレーシーケンスは少しわかってきたかい？

エネ子 ええ，おかげさまで押しボタンでリレーが働いてランプがつく程度はわかるようになりました．タイムチャートで表すとわかりやすいですね．

筆者 それは進歩だね．次はリレーシーケンス図によく出てくる基本回路を覚えなさい．基本回路は君がシーケンス回路の設計をするときにも必ず役に立つよ．

エネ子 早速勉強してみます．

A36

AND，OR回路，自己保持回路，インターロック回路，オンディレイタイマ回路，ワンショット回路の5つをリレーシーケンスの基本回路として取り上げました．回路動作とタイムチャートを見比べて回路の働きを確かめてください．

1 AND回路とOR回路

図5.4（a）にAND回路とそのタイムチャートを，同図（b）にOR回路とそのタイムチャートを示します．AND回路では押しボタンBS1とBS2が共に押されている間だけ，ランプSLが点灯します．また，OR回路ではBS1またはBS2のいずれかが押されていれば，ランプSLが点灯します．

▼図5.4　AND回路，OR回路とタイムチャート

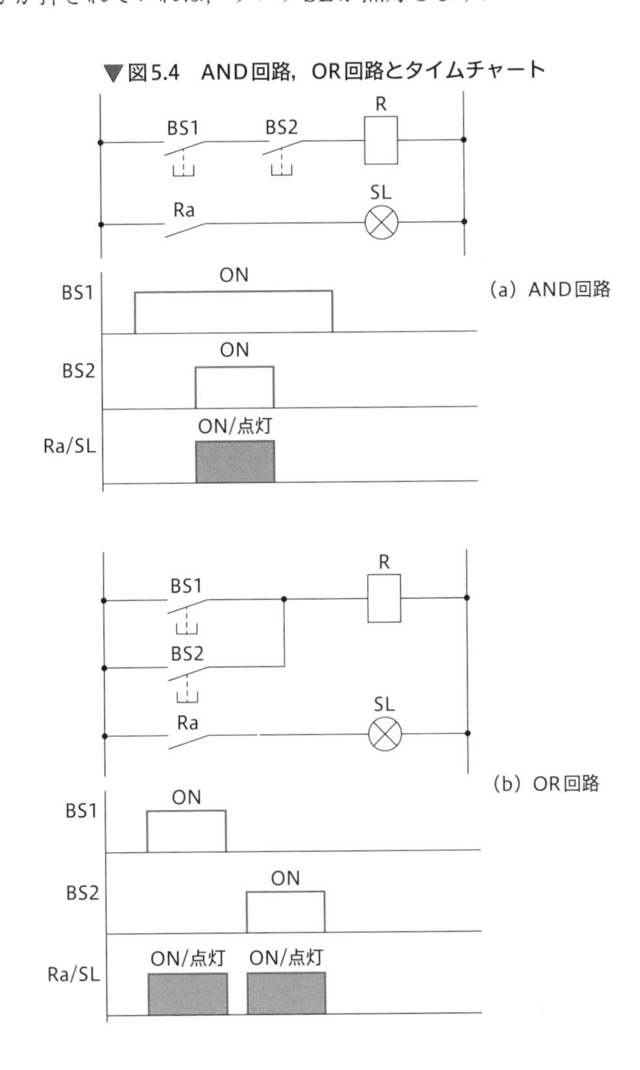

2 自己保持回路

自己保持回路は一度，押しボタンが押されると動作し続ける回路です．図5.5に自己保持回路とそのタイムチャートを示します．押しボタンBS1を押すとリレーRが励磁され，そのa接点Ra1がBS1をバイパスします．その結果，BS1を離してもRはRa1を通じて励磁され続けます．BS2が押されるとRの励磁電流が切れて回路はリセットされます．また，リレーRの他のa接点Ra2がリレーRの動作に応じて，ランプSLを点滅させます．

▼図5.5　自己保持回路とタイムチャート

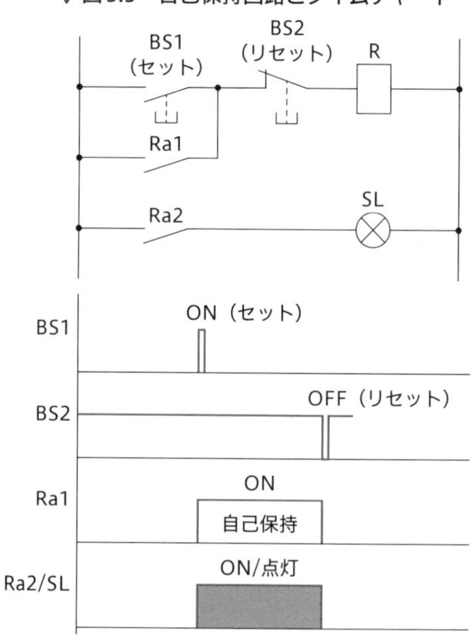

3 インターロック回路

2つ以上の回路で，例えばAの回路が動作している間は，Bの回路に入力があっても動作しないような回路をインターロック回路といいます．図5.6にインターロック回路とBS1の入力が優先したときのタイムチャートを示します．押しボタンスイッチBS1を押している間はリレーR1が動作し，そのb接点R1bでR2の励磁回路を開放しているので，BS2を押してもR2は動作しません．

▼図5.6　インターロック回路とタイムチャート（BS1優先）

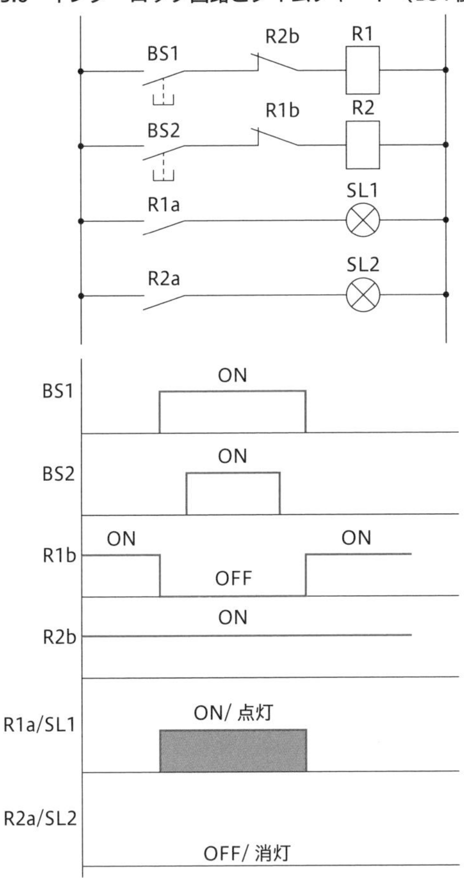

4 オンディレイタイマ回路

押しボタンを押すと，一定時間経過後に出力が現れる遅延動作回路です．図5.7にオンディレイタイマ回路とそのタイムチャートを示します．押しボタンスイッチBS1を押すと自己保持回路が働き，タイマTLRが動作します．タイマの設定時間T経過後にタイマのa接点TLRaがONし，ランプSLが点灯します．BS2を押すとタイマはリセットされランプは消灯します．

▼図5.7　オンディレイタイマ回路とタイムチャート

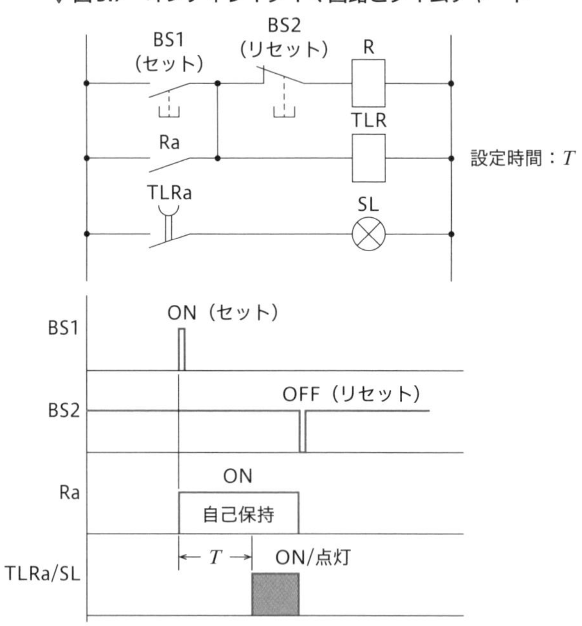

5 ワンショット回路

押しボタンを押すと一定時間の出力が得られる回路です．図5.8にワンショット回路とそのタイムチャートを示します．押しボタンBSを押すと自己保持回路が働き，タイマTLRが動作を開始し，ランプSLが点灯します．タイマの設定時間Tが経過するとTLRbによってRの自己保持回路が開放，TLRはリセットされランプは消灯します．

▼図5.8　ワンショット回路とタイムチャート

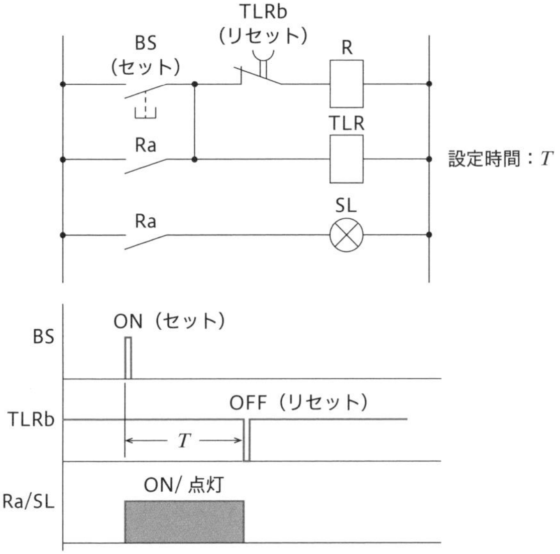

リレーシーケンス回路設計－1 モータの起動，停止回路の設計

エネ子　さて，いよいよリレーシーケンス回路の設計ですね．

筆者　では問題を出すよ．交流モータの起動，停止回路の設計だ．この回路はモータには共通に使われているシーケンス回路だよ．

エネ子　先に設計のヒントをください．

筆者　それではね，Q36で勉強した自己保持回路を応用することとしておこうかな．

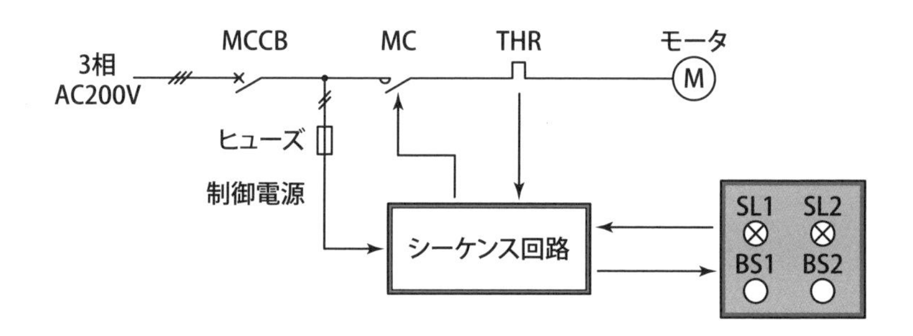

問題

上のイラストに示すように主回路は三相AC200V，配線用遮断器MCCB，電磁開閉器（電磁接触器MCと過電流保護用サーマルリレーTHRで構成される）および負荷となる三相誘導モータからなっています．下記の起動，停止の要件を満たすシーケンス回路を設計してください．

① 起動用押しボタンスイッチBS1（a接点）を押すとMCがONし続けてモータを起動し，運転表示ランプSL1を点灯させる．

② 停止用押しボタンスイッチBS2（b接点）を押すとMCがOFFしてモータへの給電を停止し，停止表示ランプSL2を点灯させる．

③ モータ運転中に過負荷が発生した場合はTHRが動作し，そのb接点THRbでMCをOFFしてモータへの給電を停止し，停止表示ランプSL2を点灯させる．

以上をタイムチャートで表すと図5.9のようになります.

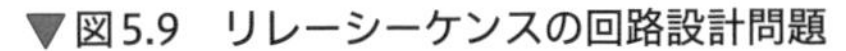
▼図5.9　リレーシーケンスの回路設計問題

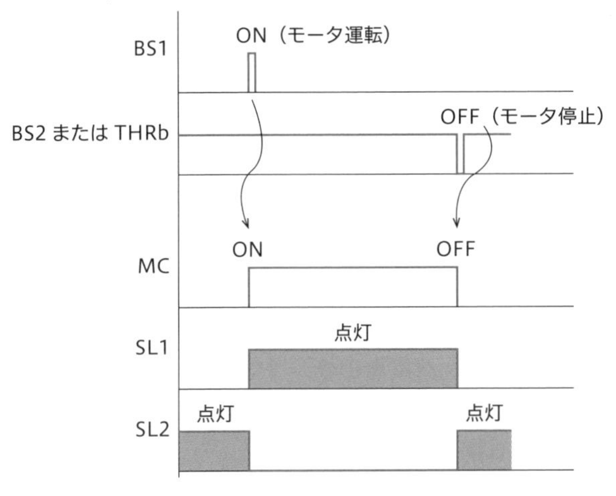

A37

図5.10に完成したシーケンス回路を示します．BS1をONすると，MCが自己保持してモータが起動し，SL1が点灯します．また，BS2をOFFまたはTHRbがOFFすると，MCが開放してモータが停止し，SL2が点灯します．このシーケンス回路はモータの起動，停止に標準的に用いられます.

▼図5.10　完成したシーケンス回路

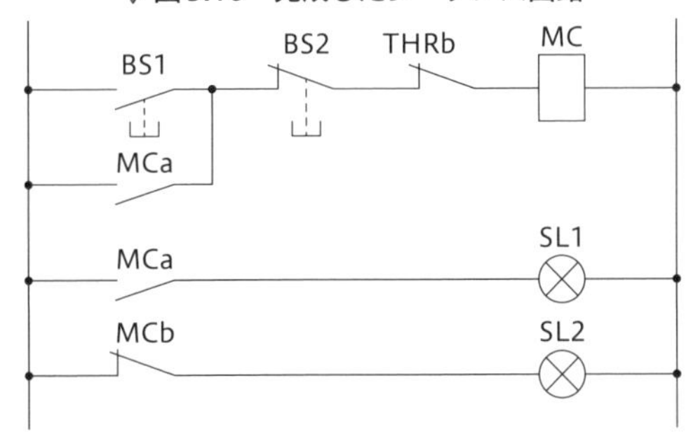

chapter 5

Q38 リレーシーケンス回路設計－2 早押しクイズのランプ点灯回路の設計

筆者 Q37はどうやらできたようだね.

エネ子 問題をやってみて自己保持回路の意味がよくわかりました．次はどんな問題ですか？

筆者 早押しクイズでの解答者の押しボタンと表示ランプの回路設計だ.

エネ子 テレビでよく見るピン，ポーンですね．これは面白そうですね．ヒントは何ですか？

筆者 まずはそれぞれの解答者のランプに対して自己保持回路をつくること．それから，自己保持回路には他の2人の解答者からのインターロックを設けることだな.

問題

上のイラストに示すように早押しクイズの回答者を3人，司会者を1人とします．各回答者の机に押しボタンスイッチBS1～3（いずれもa接点），ランプSL1～3があります．また，司会者の机には回答者のランプをリセットする押しボタンスイッチBS4（b接点）があります．下記の要件を満たすシーケンス回路を設計してください．

① 最も早く押しボタンスイッチを押した回答者のランプのみが点灯し続け，その後に他の回答者が机上の押しボタンスイッチを押してもその人のランプは点灯しない（例えばエネ子さんのBS3の押しボタンスイッチが最も早く押されるとランプSL3が点灯し，その後にBS1，BS2が押されてもSL1，SL2は点灯しない）．

② 司会者が押しボタンスイッチBS4を押すと回答者のランプが消え，回路がリセットされる．

以上をタイムチャートで表すと図5.11のようになります．

▼図5.11 リレーシーケンス回路の回路設計問題

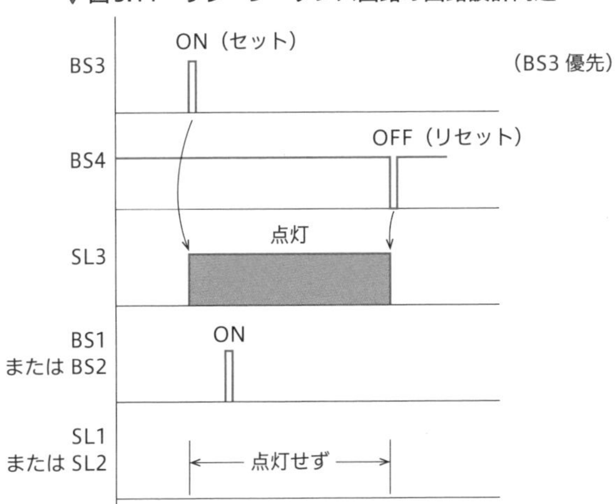

A38

図5.12に完成したシーケンス回路を示します．BS1～3で駆動されるそれぞれの自己保持回路に，他の2つの回路からインターロックのため，b接点が提供されています．これによって，最初に押された押しボタン回路が優先的に自己保持することになります．インターロック回路は，機器の動作開始に対する条件づくりや非常停止などに応用されます．

▼図5.12　完成したシーケンス回路

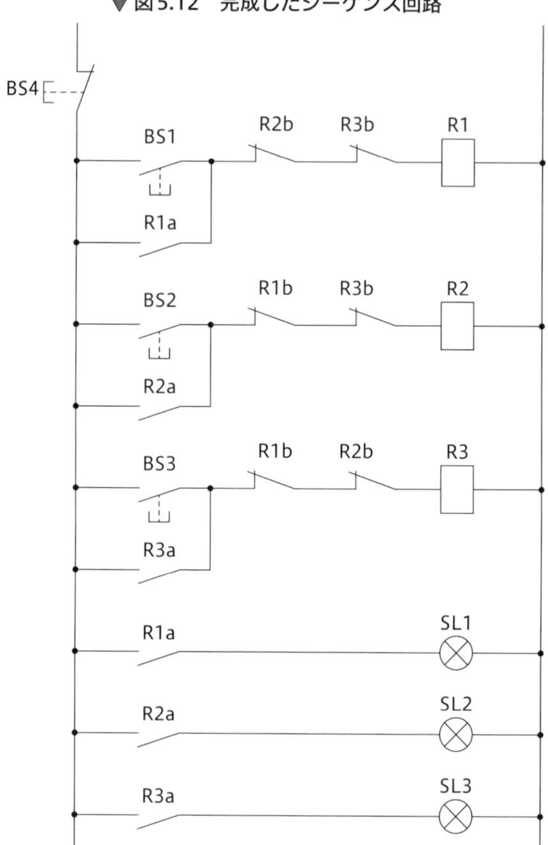

リレーシーケンスの回路設計－3 交通信号回路の設計

筆者 Q38もどうにかできたようだね.

エネ子 だいぶ自信がついてきました．次の問題が楽しみですね.

筆者 これが最後の問題だ．交通信号を考えてみよう．押しボタンを押すと青→黄→赤→青…の順にランプが指定された時間，点灯を繰り返すシーケンス回路の設計だ.

エネ子 やってみます．ヒントはありますか？

筆者 うーん，そうだね．青，黄，赤それぞれのランプを決められた時間，点灯させるワンショット回路をつくること，ワンショット回路のスタート，リセット用として他の2つの回路の接点をうまく利用することかな．スタートボタンを押したらまず青ランプがつくことも忘れないでね．今までより難しいからよく考えて設計しなさい.

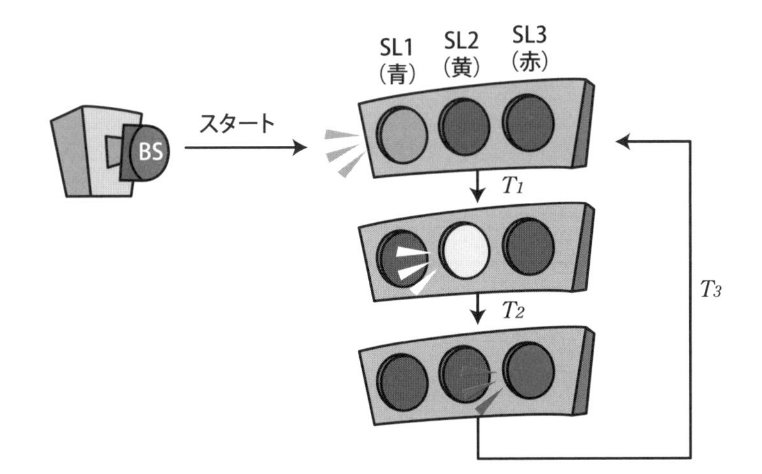

問題

上のイラストに示すようにSL1（青），SL2（黄），SL3（赤）の3つのランプをもつ交通信号があります．下記の要件を満たすシーケンス回路を設計してください.

① スタート用押しボタンスイッチBS（a接点）を押すとまずSL1（青）が点灯する.

② T_1経過後SL2（黄）が点灯すると同時にSL1（青）が消灯する.

③ T_2経過後SL3（赤）が点灯すると同時にSL2（黄）が消灯する.

④ T_3経過後SL1（青）が点灯すると同時にSL3（赤）が消灯する. 以後同じサイクルを繰り返す.

以上をタイムチャートに表すと図5.13のようになります.

▼図5.13 リレーシーケンスの回路設計問題

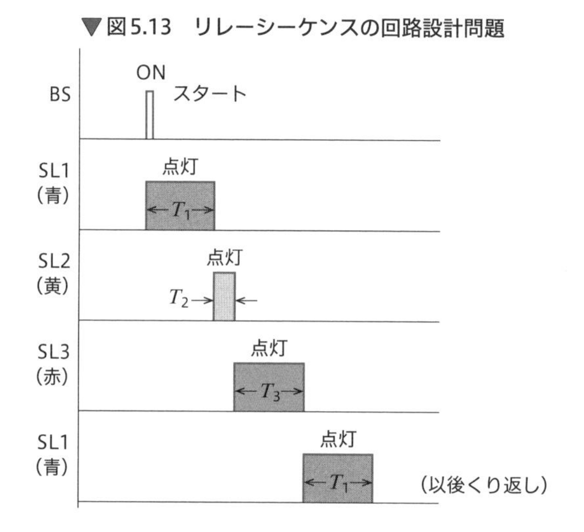

A39

図5.14に完成したシーケンス回路を示します. まず, 押しボタンBSをONすると, リレーR1が自己保持してSL1（青）が点灯します. 同時にタイマTLR1が動作を開始します. TLR1の設定時間T1が経過すると, TLR1aがONしてリレーR2が自己保持しSL2（黄）が点灯します. 同時にR2bがR1の自己保持を開放するので, SL1（青）は消灯します. 同じ手順でSL3（赤）点灯, SL2（黄）消灯, SL1（青）点灯, SL3（赤）消灯と進み, このサイクルがくり返されます.

▼図5.14　完成したシーケンス回路

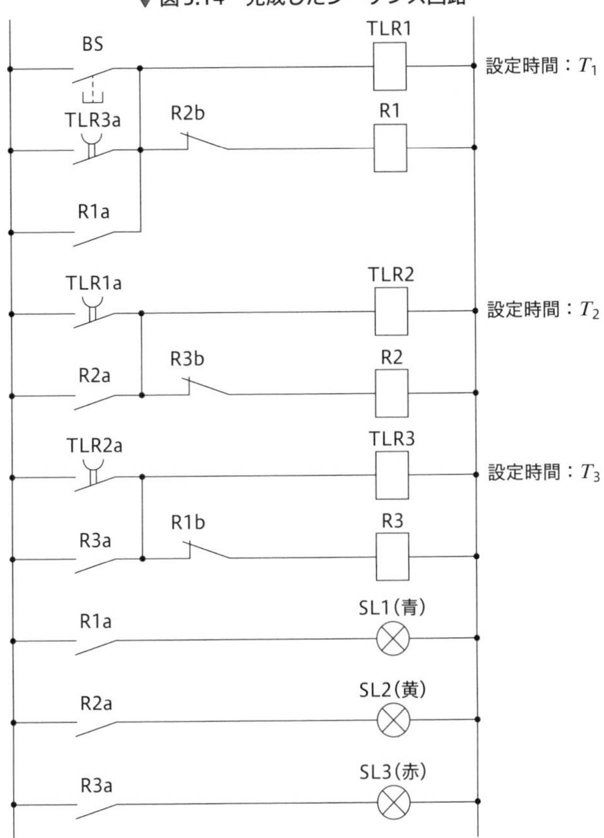

chapter 5

Q40 PLCとは？

エネ子　リレーシーケンス回路の設計も何とか通過できたようだし，次はPLCの勉強をしようと思ってます．

筆者　おー，それはやる気満々だね．PLCはシーケンス制御専用のコンピュータで，リレーシーケンスでのリレーの配置や配線がすべてコンピュータ上でできてしまうスグレ者だよ．

エネ子　ということはややこしいリレー間の配線はいっさい不要ということですね．

筆者　そーいうことだ．君はパソコンが得意だから理解も早いよ．

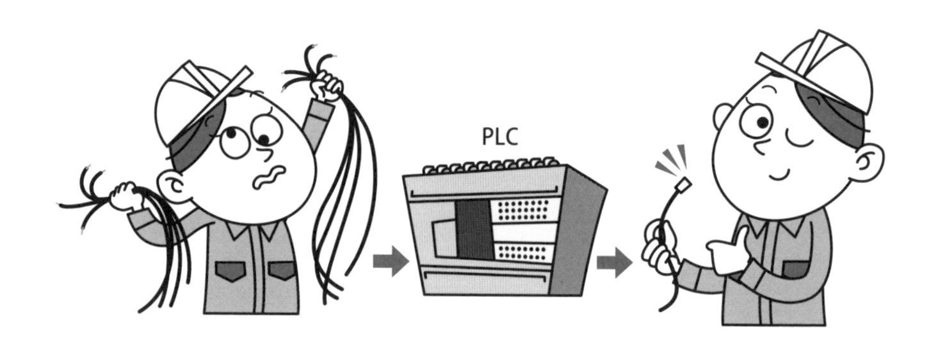

A40

PLC（Programmable Logic Controller，メーカによってシーケンサ，PCなどの呼称をもっています）は，シーケンス制御専用の工業用コンピュータです．多くの生産設備の自動化に用いられていますので，取扱いに習熟しておくと非常に有効な電子制御機器です．

1 PLCとは

PLCは情報処理の面から見れば，オフィスで使われているパソコンと変わりがありません．パソコンとの違いは，ソフト面ではシーケンス制御特有の命令処理機能をもち，パソコンによるプログラミングやモニタリングに便利なように支援ソフトが用意されています．また，ハード面では過酷な環境下でも使えるよう耐久性の向上や実用上便利なように入出力部の工夫が図られています．

PLCはリレーシーケンスの基礎を理解していれば，簡単に使いこなすことができます．さらに，リレーシーケンスと比べてリレーの設置や複雑なリレー間の配線を必要としないこと，制御内容の変更が簡単にできることなど多くの特徴をもっています．現在ではリレーシーケンスに代わって，あらゆる生産現場に用いられています．

図5.15にPLCの代表的な2つのタイプ（オールインワンタイプ，ビルドアップタイプ）の外観を示します．PLCには演算処理，入出力，電源などの機能ブロックがありますが，小規模のシーケンス制御ではこれらのブロックを1つにまとめたオールインワンタイプが用いられます．一方，中規模以上のシーケンス制御では用途，規模の合わせて必要なブロックの組合せができるビルドアップタイプが用いられます．

▼図5.15　PLCの外観

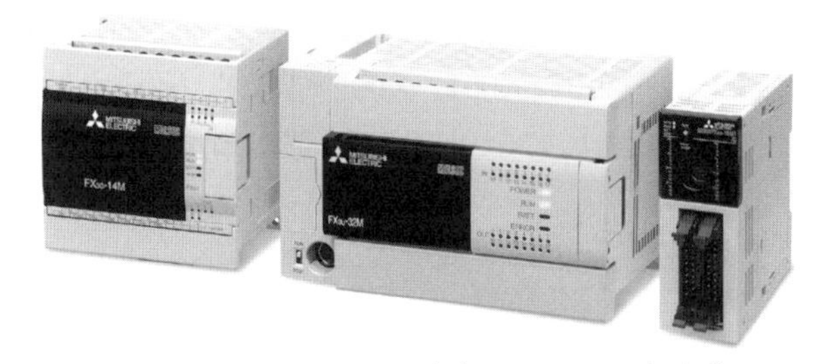

(a)　MELSEC iQ-Fシリーズ（オールインワンタイプ）

(b)　MELSEC-Qシリーズ（ビルドアップタイプ）

（画像提供：三菱電機（株））

2 PLCの原理

PLCの原理をリレーシーケンスと比較して説明しましょう．まず，リレーシーケンスでは図5.16に示すように押しボタンスイッチ，センサなどの入力信号，それを受けて働くリレーシーケンス回路（制御盤などに収納されます）および演算結果の出力信号からなっており，シーケンス回路のすべてが配線（ハードウェア）でつながっています．

▼図5.16　リレーシーケンスの信号の流れ

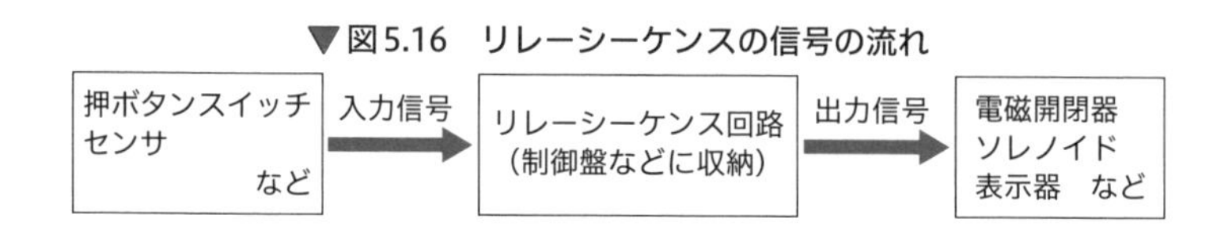

PLCでは，図5.17（a）のように入力信号を受ける入力部，論理演算を行う制御部，その結果を出力する出力部から構成されています．各部の構成を理解しやすいようにリレーシーケンス回路を用いて表すと，同図（b）のようになります．PLCでは，入力部（図中のX001，X002）には入力機器との絶縁とノイズマージンを高めるため，ホトカプラが用いられています．また，出力部（図中のY001, Y002）は直流用ではリレー接点やトランジスタ，交流用ではトライアックが用いられます．

▼図5.17　PLCの原理

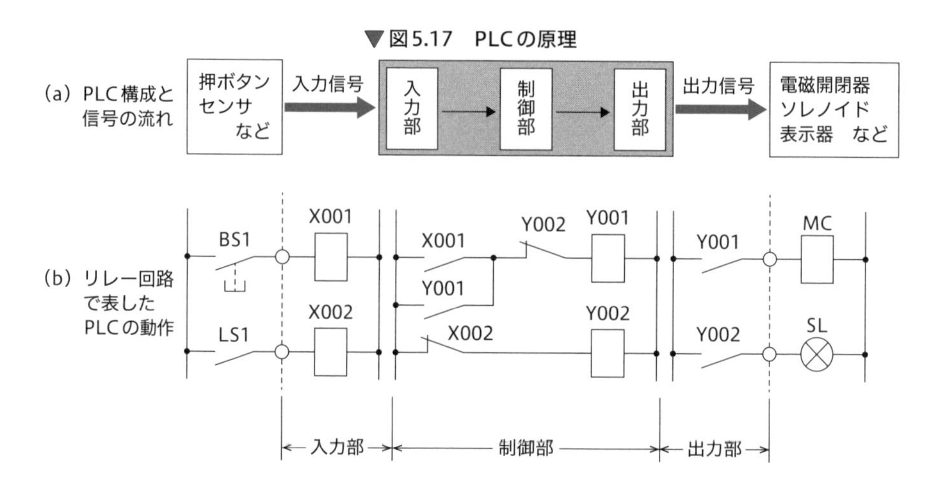

制御部はコンピュータと同様にCPUとメモリで構成されています．同図（b）の制御部のシーケンス回路（PLCではプログラムと呼ばれます）は，パソコンからPLCに入力され，メモリに格納されます．プログラムの順序に従い，シーケンスの各ステップごとに入力の状態がCPUに伝達，演算され，その結果が出力されます．先のリレーシーケンスにおいて制御盤内に収められている機能が，PLCではCPU，メモリなどからなるハードウェアとこれを駆動するソフトウェア（プログラム）から構成されていることになります．

3 プログラミング

プログラミングというと，BasicやC言語などのように決められた言語を用いてアルファベットや数字，数式で1行ずつ作成することをイメージします．しかし，PLCでは先に学んだリレーシーケンス回路図を作成することをプログラミングと称し，回路図をラダーチャート（またはラダー図）と呼びます．ラダーチャートの例を図5.18に示しますが，専用の図記号が用いられています．リレーシーケンスとラダーチャートの図記号の違いの例を表5.2に示します．

ラダーチャートをPLCに転送するためには，専用のソフトを用いてパソコン上につくられたラダーチャートをPLCに転送する方法が一般的に用いられます．専用ソフトを用いることによって，ラダーチャートを作成するだけでなく，プログラミング実行中のチャートの状態を表示したり，一部の回路や設定値の変更を画面を見ながら実行できます．したがって，プログラミングが正しく動作するか否か，パソコンの画面上でシミュレーションすることができます．

表5.2　リレーシーケンスとラダーチャートの図記号

	リレーシーケンス	シーケンスプログラム
a接点	— ／—	—┤├—
b接点	—┘／—	—┤/├—
コイル	—□—	—○—

▼図5.18　ラダー方式によるシーケンスプログラム（ラダー図）

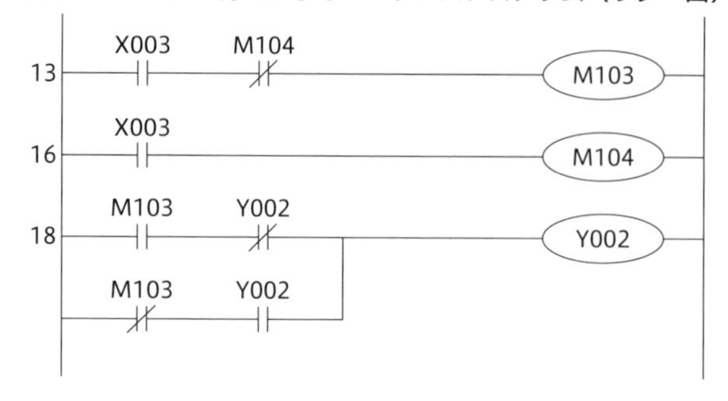

第6章

意外と知らないモータとインバータ

モータは機械装置を動かす原動力であり，主要な電気設備の1つです．エンジニアの方々は現場でモータをよく目にしていますが，その原理を含めた基礎的な知識に乏しいようです．そこで三相交流モータとモータに関わる基礎的なことがらについて述べ，さらにモータの速度制御に用いられるインバータについて解説します．

交流モータはなぜまわる?

エネ子 三相モータが回転する基本は回転磁界と聞きましたが….

筆者 うん,そうだ.回転磁界のまわる速さでモータの速度も決まることになる.

エネ子 回転磁界のまわる速さを同期速度というのですね.

筆者 そうそう,同期速度は回転磁界の極数と電源の周波数で決まるんだよ.このあたりは交流モータの基本だから説明しよう.

A41

モータの固定子に120°ずつ位置をずらしたコイルを3組設け,これに三相交流電流を流すことで回転磁界が得られます.回転磁界中に置かれる回転子の構造の違いで誘導モータ,同期モータになります.

1 回転磁界

図6.1(a)に示すように,円筒鉄心の内面に溝を切り,3組のコイルa-a′,b-b′,c-c′を120°ずつずらして巻きます.各コイルに三相交流電流i_a,i_b,i_c(相順はa→b→cの順)を流すと,同図(b)のように1組のN,S極をもつ磁石が回転する磁界が発生します.この磁界を回転磁界といいますが,磁界の毎秒の回転速度は電源周波数fに等しく,方向は半時計方向になります.ここで,コイルに流す三相交流電流の相順を,例えばa→c→bに入れ替えると,回転磁界は上記と逆に時計方向に回転します.これがモータの口出し線の2本の接続を入れ替

えるとモータが逆転する理由です．

▼図6.1　三相巻線と回転磁界の発生

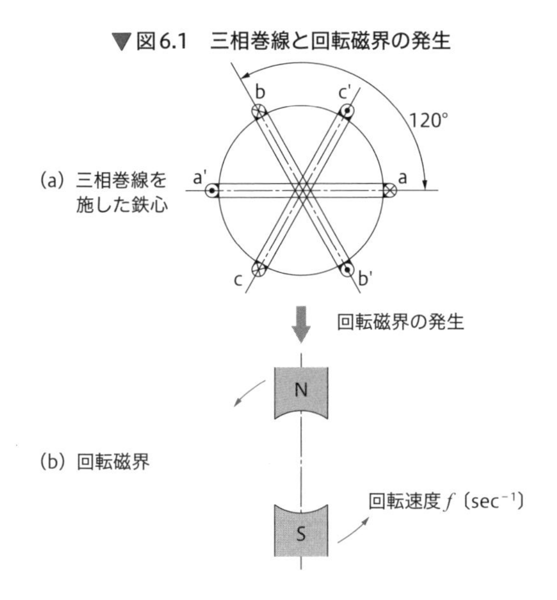

回転磁界の毎分の回転速度N_s〔min^{-1}〕を同期速度（Synchronous Speed）といい，N_sは回転磁界の極数をP（図6.1では$P=2$になります．巻線の方法により$P=4$, 6…の値をとることができます）とすると

$$N_s=\frac{120f}{P} \quad \cdots\cdots (6\cdot1)$$

と表されます．

2　三相誘導モータ

三相誘導モータは構造が簡単で保守が容易であること，効率が比較的よく安価であることなどから産業用に広く用いられています．モータが回転する原理は次のとおりです．先に述べたように，回転磁界をつくるための三相巻線を施した円筒形鉄心（これを固定子といいます）の中に短絡したコイル（これを回転子といいます）を置きます．図6.2は回転磁界を1対の回転する磁石として表したものですが，コイルにはフレミングの右手の法則により，図に示した方向に電流が流れます．この電流と磁界との作用により，磁極近傍のコイルに力が働き，コイ

ルは回転磁界の方向と同一方向に回転します.

▼図6.2　三相誘導モータの原理

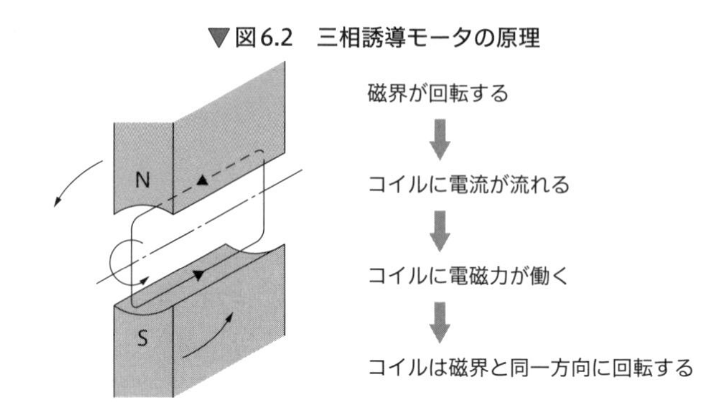

誘導モータの回転子は，その構造によりかご型と巻線型に分けられます．かご型は中小容量の汎用型のモータに用いられ，巻線型は大型のモータに用いられます.

ここで，回転子の回転速度をN〔min^{-1}〕とするとき，Nは先に述べた同期速度N_s以上にはなり得ません．なぜなら，$N=N_s$となると回転子と回転磁界の相対速度は0となるので，回転子に誘起される電圧は零となり，モータは回転が維持できなくなるからです．したがって，誘導モータでは常に$N<N_s$となります．ここで，NとN_sとの関係を表すのに，すべり（Slip）sを次のように定義します.

$$s=\frac{N_s-N}{N_s} \quad \cdots\cdots (6\cdot2)$$

すべりsは，誘導モータがモータとして機能する範囲では，$0<s\leqq1$の値を有します．また，式（6.1）を式（6.2）に代入すると，Nは

$$N=N_s(1-s)=\frac{120f}{P}(1-s) \quad \cdots\cdots (6\cdot3)$$

と表されます.

3　三相同期モータ

先に述べた回転磁界中に，図6.3に示すように回転子として磁石を置くと，回転子は回転磁界に吸引され同期速度で回転します．これが同期モータの原理ですが，実際の同期モータでは回転子には電磁石が用いられるので，励磁のため外部から直流電流を供給する必要があります．三相誘導モータは負荷が増えるに従

い，すべりが大きくなり回転速度はわずかながら低下しますが，三相同期モータは負荷が増すと，回転磁界と回転子の軸のなす角（負荷角という）が増すだけで，回転速度は常に同期速度を保ちます．この特性から三相同期モータは大型の圧縮機，送風機などに用いられています．

▼図6.3　三相同期モータの原理

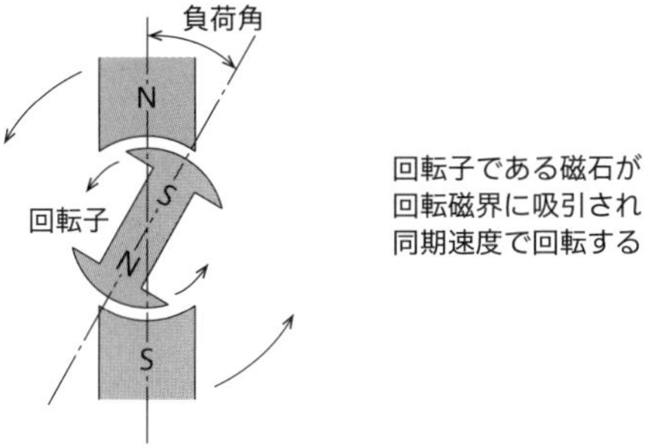

負荷角
N
S
N
S
回転子
回転子である磁石が
回転磁界に吸引され
同期速度で回転する

また，三相同期モータでは負荷の大きさを一定にして励磁電流を徐々に大きくしていくと，モータ電流は遅れ力率から進み力率へと連続的に変化し，図6.4に示すようにV字状のグラフが得られます．これをV曲線といい，曲線の谷の部分でモータ電流は最も小さくなり，力率が1になります．この特性を用いて三相同期モータを有する工場ではモータを進み力率で運転し，力率改善の電力用コンデンサの役目を兼ねさせることができます．

▼図6.4　三相同期モータのV曲線

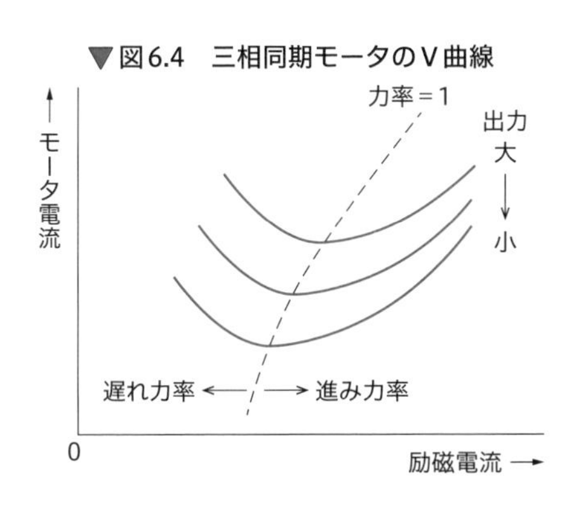

モータの効率と損失

モータは入力である電気的エネルギーを機械的エネルギーに変換する装置ということができます．この変換の過程で損失が生じ，これが熱になってモータの温度を上昇させます．ここで，モータの効率とは

$$\frac{出力}{出力+損失}=\frac{入力-損失}{入力}$$

と表すことができます．

モータの損失は図6.5のように，負荷の有無に関わりなく発生する損失（無負荷損）と負荷の大きさによって決まる損失（負荷損）に分けられます．このうち主な損失は鉄損と銅損です．鉄損は磁気回路に発生する損失で，印加電圧の2乗に比例し，銅損は巻線抵抗に発生する損失で，電流の2乗に比例します．

▼図6.5　モータの損失

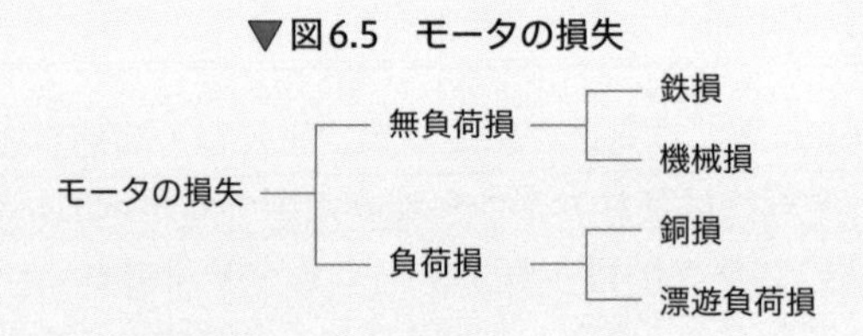

chapter 6

Q42 トルクとは？

筆者 例えばポンプの電流は大体一定だけど，コンプレッサの電流はよく変動するね．モータの何が変動しているのかな？

エネ子 モータの出力ですよね．

筆者 それはそうだが，もう少し考えてみよう．モータ出力は何に比例するのかな？

エネ子 えーと，$P=\sqrt{3}\,VI\cos\phi$ ですよね？

筆者 それはモータの入力の式だよ．モータの出力はモータのトルクと回転速度の積に比例する．モータの回転速度はほぼ一定だから，モータの電流の変動はトルクの大きさの変動を表しているといえるんだ．では，これからモータのトルクの話をしよう．

A42

トルクとは回転モーメントのことをいいます．トルクとモータ出力の関係，モータのトルク特性など機械としてのモータの特性を調べてみます．

1 トルクとは

図6.6に示すように，半径r〔m〕の回転子上の導体にF〔N：ニュートン〕の力が働くとき，この導体に働く回転モーメントをトルク（Torque）といいます．トルクT〔Nm：ニュートンメートル〕は

$$T = Fr \quad \cdots\cdots (6\cdot4)$$

と表されます．また，モータの出力P〔W〕とトルクT〔Nm〕の間には，モータの回転速度をN〔min^{-1}〕とすると

$$P = \frac{2\pi}{60} NT \quad \cdots\cdots (6\cdot5)$$

の関係があります．

▼図6.6　トルクの説明

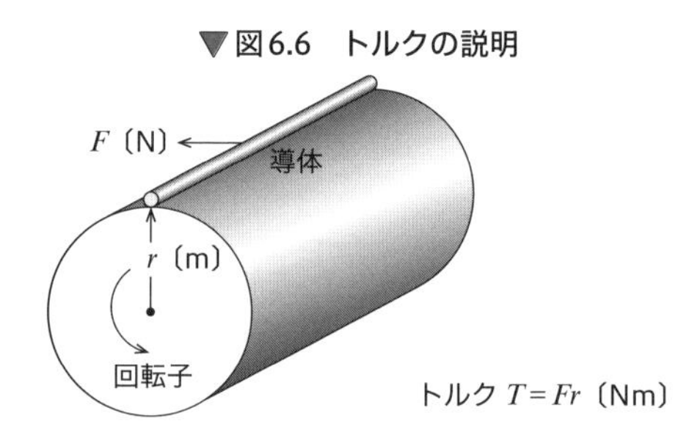

2 慣性モーメント

回転子の回転角速度を$\omega = 2\pi N/60$〔rad/sec〕とすると，この回転子のもつ運動のエネルギーE_k〔J〕は

$$E_k = \frac{1}{2} I\omega^2 \quad \cdots\cdots (6\cdot6)$$

と表されます．ここで上式のI〔$\mathrm{kg \cdot m^2}$〕は慣性モーメントと呼ばれ，図6.6のような円筒形の回転子ではその質量をM〔kg〕，半径をr〔m〕とすると$I = Mr^2/2$〔$\mathrm{kg \cdot m^2}$〕で与えられます．モータに接続される負荷の慣性モーメント（モータの回転子の慣性モーメントを含めて）は，モータの起動から定格速度に至るまでの加速特性を決める重要なパラメータです．

3 三相誘導モータの速度－トルク特性

三相誘導モータの速度（すべり）－トルク特性は，図6.7に示すように，ある速度で最大トルクをもつ特性を示します．とくに，$N=0$（$s=1$）におけるトルクを起動トルクといいます．図の点線で表されるトルク特性をもつ負荷を駆動するとき，モータは2つのトルク特性曲線の交点で運転されます．モータが安定運転できる領域は図に示すように，最大トルクの右側の範囲になります．この範囲はすべり0～0.1くらいの間の狭い領域なので，速度の変化が小さく，三相誘導モータは定速度特性を有することがわかります．

▼図6.7　三相誘導モータの速度－トルク特性

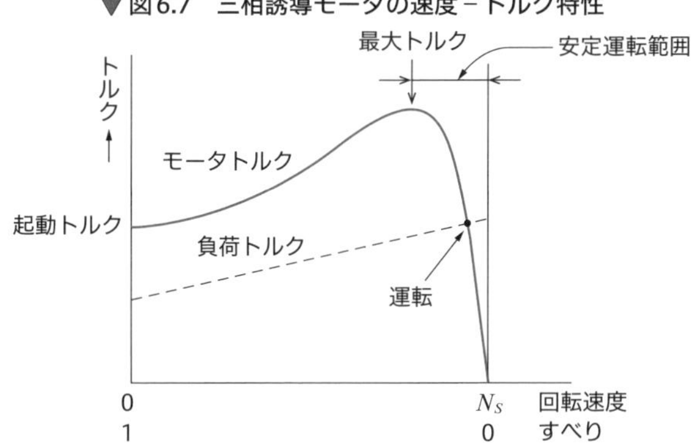

4 三相誘導モータの人-△起動

4-1 人-△起動とは

誘導モータに定格電圧を印加して起動すると（これを全電圧起動という），起動時の電流は定格電流の6～8倍に達するので，図6.8に示すように回路電圧の低下を招き，他のモータにトルクの低下などの影響が及びます．これを防ぐため，起動時にはモータ巻線を人接続し，回転速度がある程度上昇したところで△接続にする起動法を採ります．これを人－△起動といい，低圧モータで標準的に用いられる起動法で，5.5 kW以上のモータで採用が可能です．

モータ巻線を人接続することにより，全電圧起動に比べ起動電流を1/3（定格電流の2～3倍）に減ずることができますので，起動電流の影響が大いに軽減されます．ただし，起動トルクも1/3になりますので，負荷の起動時間が長くなったり，稀に起動トルク不足で負荷が起動できないこともあるので注意が必要です．

▼図6.8　モータの起動電流の影響

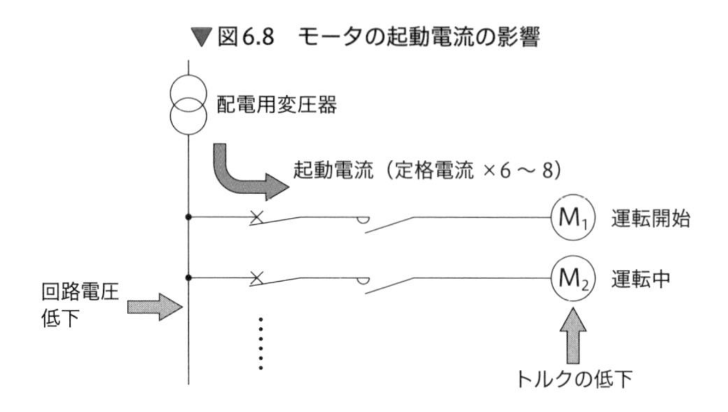

4-2 人-△起動の実際

人-△起動には専用の起動器(人-△スタータと呼ばれます)を用います．スタータによってモータの巻線を人から△に接続替えしますので，これに対応するよう誘導モータの口出し線は，図6.9に示すように6本になっています．

スタータには図6.10に示す2コンタクタ方式が多く用いられます．モータ起動時にはMC-人がONしてモータ巻線を人接続にします．タイマの設定時間後，MC-人はOFFし，MC-△がONしてモータ巻線を△接続して定格運転となります．2コンタクタ方式はMCCBの投入によって，モータが使用されていないときもモータ巻線に電圧が印加された状態になっています．消防用ポンプのように常時使用しないモータに対しては，使用時のみモータに電圧が印加される3コンタクタ方式が用いられます．

▼図6.9　人-Δ起動用三相誘導モータの口出線

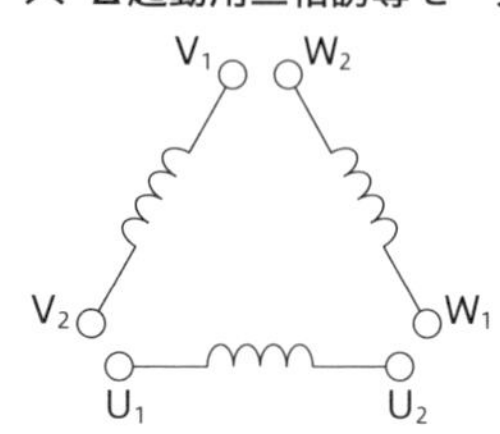

▼図6.10　2コンタクタ方式による人-Δ起動

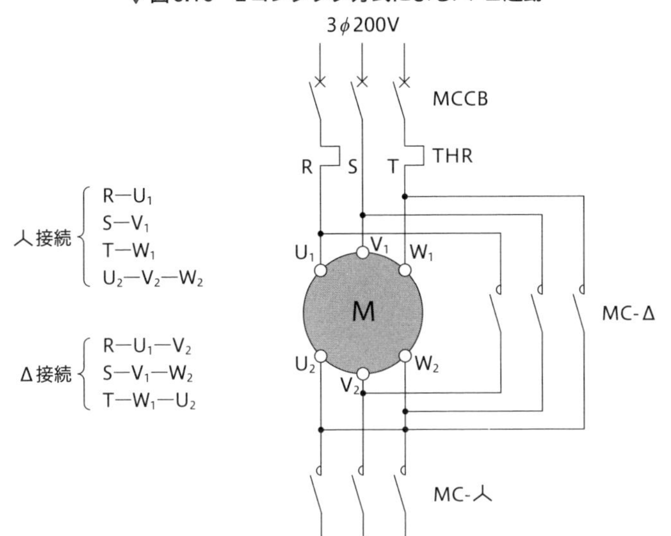

Q41 Q42 演習問題

（**問題1**）下記はある三相誘導モータの銘板の数値である．これらの数値からモータの定格運転時のすべり〔%〕およびトルク〔Nm〕を求めよ．

定格電圧	220V
定格出力	15kW
定格周波数	60Hz
極数	4
定格回転数	1,730min^{-1}

解説>>> モータの同期速度N_sは定格周波数と極数から式（6·1）を用いて

$$N_s = \frac{120 \times 60}{4} = 1{,}800\ \text{min}^{-1}$$

したがって，定格運転時のすべりsは，定格回転数1,730 min^{-1}および式（6·2）から

$$s = \frac{1{,}800 - 1{,}730}{1{,}800} \times 100 = 3.9\%$$

また，定格運転時のトルクTは，式（6·5）から

$$T = \frac{60 \times 15 \times 10^3}{2\pi \times 1.73 \times 10^3} = 82.8\ \text{Nm}$$

解答　すべり：3.9%，トルク：82.8 Nm

（**問題2**）あるモータが5：1の減速比を有する減速ギアを介して，500kg·m^{2}の慣性モーメントを有する負荷に接続されている．減速ギアにおける損失がないものとするとき，モータ側に換算された慣性モーメント〔kg·m^2〕はいくらになるか．

解説>>> 減速ギア1次側（モータ側）および2次側（負荷側）の慣性モーメントをI_1，I_2〔kg·m^2〕，また回転角速度をω_1，ω_2〔rad/sec〕とするとき，減速ギア1次側，2次側の運動エネルギーは等しいから，式（6·6）より

$$I_1 \omega_1^2 = I_2 \omega_2^2$$

が得られる．式から

$$I_1 = I_2 \left(\frac{\omega_2}{\omega_1} \right)^2$$

$I_2 = 500$〔kg·m^2〕，$(\omega_2/\omega_1)^2 = (1/5)^2 = 1/25$を用いて

$$I_1 = 500 \times \frac{1}{25} = 20\,\mathrm{kg \cdot m^2}$$

解答　$20\,\mathrm{kg \cdot m^2}$

（問題3）重さ1トンの荷物（リフト重量も含める）を0.5m/secの速さで吊り上げるのに要するリフトのモータの定格容量〔kW〕を選定せよ．なお，リフトの機械部分の動力伝達効率を0.8として計算せよ．

解説》》》　W〔kg〕の荷物をv〔m/sec〕の速さで吊り上げるのに要する仕事率は，重力加速度を9.8m/sec^{2}とすれば，$9.8Wv$〔W〕となる．
したがって，必要なリフトのモータの動力P〔kW〕は，動力伝達効率をηとすれば

$$P = \frac{9.8Wv}{\eta} \times 10^{-3}$$

問題から$W = 1{,}000\,\mathrm{kg}$，$v = 0.5\,\mathrm{m/sec}$，$\eta = 0.8$であるから

$$P = \frac{9.8 \times 10^3 \times 0.5}{0.8} \times 10^{-3} = 6.1\,\mathrm{kW}$$

これに最も近いモータの定格容量として7.5kWが選定される．
解答　7.5kW

第6章
意外と知らないモータとインバータ

インバータとは？

筆者 インバータというと何を思い出す？

エネ子 インバータエアコンですね．私が学生の頃，母親が私の下宿先に付けてくれました．

筆者 そうか，いいお母さんだね．ではインバータって何をする装置をいうのかな？

エネ子 名前だけはよく聞きますが，さて…？

筆者 一般に交流を直流に変換する装置をコンバータ，直流を交流に変換する装置をインバータというんだが，モータの世界では半導体を使った交流モータの速度制御装置をインバータというんだよ．これはインバータが直流を交流に変換する機能を含んでいるからなんだ．

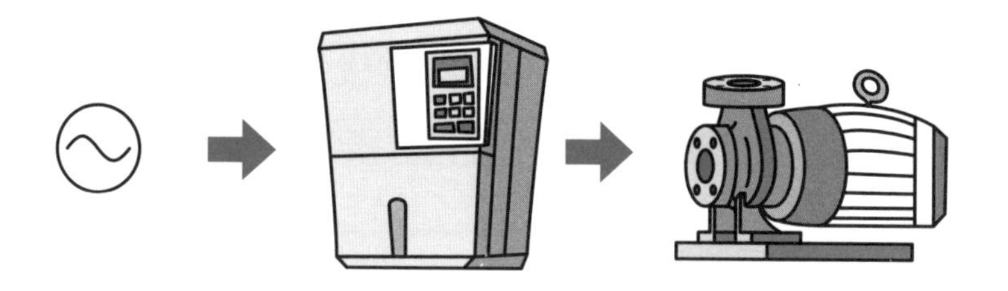

A43

三相誘導モータは，安定運転領域ではすべり $s \ll 1$ なので，式(6.3)（p.170参照）からモータの回転速度 N は周波数 f に比例して変えることができます．この原理を実現した電子制御機器がインバータです．

1 VVVF変換

モータの速度制御は，通常三相200Vまたは400Vの商用入力を図6.11に示すように可変電圧，可変周波数をもつ三相交流に変換して行われます．このような変換をVVVF（Variable Voltage & Variable Frequency）変換といい，パワーエレクトロニクスを応用した変換装置をインバータ（Inverter）と呼びます．

▼図6.11　インバータの原理

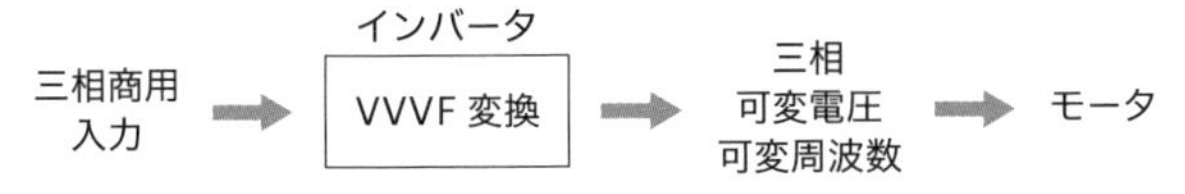

2 インバータの構成

インバータの構成と入出力の電圧，電流波形をを図6.12に示します．電力の流れに沿って左から右にコンバータ部，平滑コンデンサ，インバータ部およびシステムを制御する制御部に分けられます．

三相200V，または400Vの商用入力はコンバータ部で整流され，直流に変換されます．さらに平滑コンデンサ（大容量の電解コンデンサ）によって脈動の

▼図6.12　インバータの構成と入出力波形

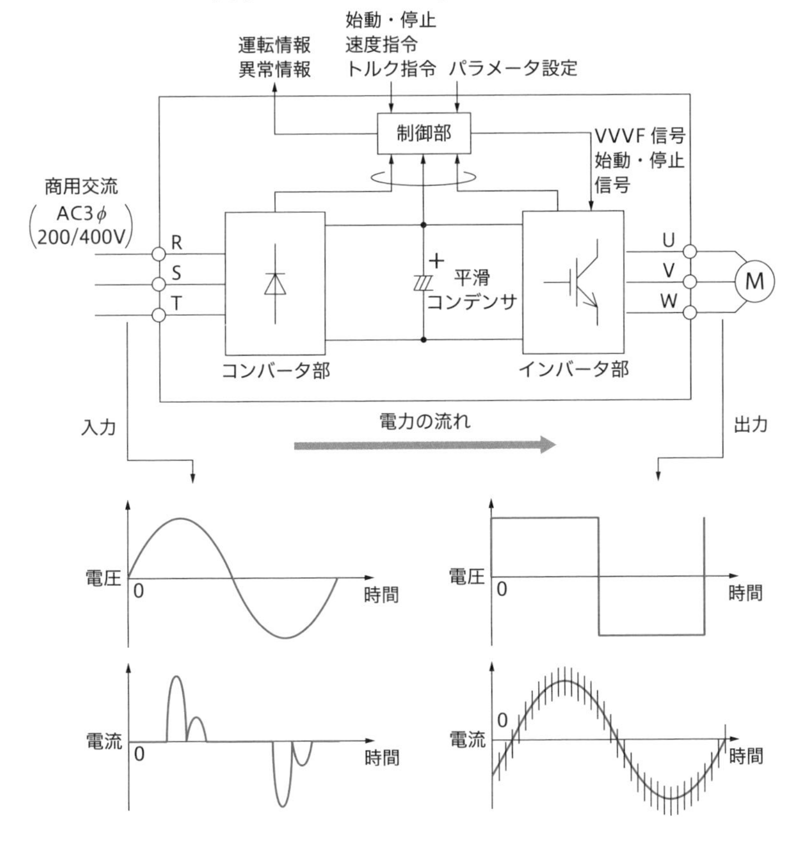

小さい直流になります．次に直流はインバータ部で速度指令に基づいた周波数fと電圧Vをもつ三相交流に変換されます．このとき，fとVは常に一定の比で制御されますが，これをV/f制御と呼び，インバータによるモータの速度制御の基本機能です．

モータが正常な機能を発揮するためには，モータに正弦波電流を供給する必要があります．そのため，インバータ部の電力用半導体（多くのインバータではIGBTが用いられます）を高周波でON，OFFするPWM制御（Pulse Width Modulation：パルス幅変調）という方法が用いらます．

インバータの入力電流は図に示すように，平滑コンデンサの充放電のため，パルス状になるので高調波成分を多く含みます．また，出力電流はインバータ部の高周波のスイッチングに伴うノイズを多く含みます．このため，インバータの入出力回路には高調波やノイズ対策が必要になります．

3 インバータの応用

インバータの出現によって，三相誘導モータの速度制御がきわめて容易にできるようになり，誘導モータ本来の特徴と相まって，その用途が飛躍的に広がりました．表6.1にインバータの応用例をまとめましたが，表に見るように産業用途からサービス用途まで幅広く使われていることがわかります．

表6.1　インバータの応用例

分　類	応用例
昇降，搬送，運搬機械	エレベータ，クレーン，ホイスト，台車，コンベアラインなど
システム，高性能機械	紙，フィルム，ゴムの巻出し，搬送，巻取り装置，NC加工機など
風水力機械	ボイラ，空調機システム，クリーンルームなど（ポンプ，ファン，ブロアなどの駆動）
ロール，押出機	カレンダロール，プラスチック成型機など
包装機械	内装・外装機械，荷造り機械など
金属加工機械	NC制御の旋盤，ボール盤など
食品加工機械	精米・精麦機，精粉機など
環境機械	集塵機，生ごみ処理機など
木材加工機械	製材機，木工機など
サービス機械	自動車庫，洗車機，遊技機など

インバータの V/f 制御，ベクトル制御とは？

エネ子＞ 今度，倉庫の荷物運搬コンベアをギアチェンジ方式からインバータを使った無段変速方式に改善する計画があるのですが….

筆者 それはインバータを勉強するよい機会だね．

エネ子＞ ところが調べてみると，インバータの制御方式には V/f 制御とベクトル制御とがあって，どっちを使うべきか判断がつかないんですよ．

筆者 詳しくはあとで話すけど V/f 制御は簡易な速度制御に，ベクトル制御は広範囲，迅速な速度制御に使われるんだ．

エネ子＞ それでは今回は V/f 制御でよさそうですね．

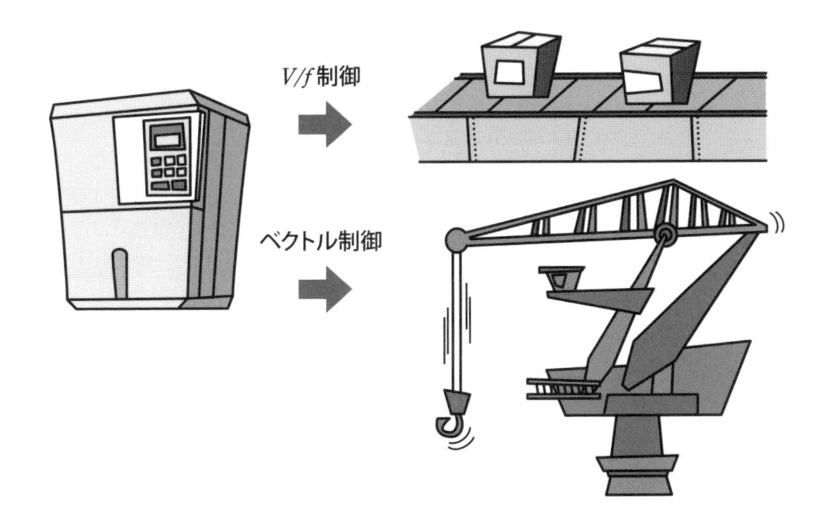

インバータによる速度制御の方法は，モータの速度情報をフィードバックしない V/f 制御とフィードバックするベクトル制御に分けられます．それぞれの原理，用途について解説します．

1 V/f 制御

先に述べたように三相誘導モータの速度は，インバータの出力周波数f〔Hz〕に比例して変化させることができます．一方，モータの電源電圧（インバータの出力電圧）V〔V〕とモータの磁束ϕ〔Wb〕の間には，周波数をf〔Hz〕とすると

$$V = kf\phi \qquad (k\text{は定数})$$

の関係があります．そこでfの変化に対して，V/fが一定に保たれるようにVを制御すればモータの磁束ϕは一定になり，図6.13に示すように低速域（周波数の低い範囲）まで定格周波数におけるトルク特性と同等の特性を得ることができます．このような制御をV/f制御といい，インバータの基本機能になっています．

▼図6.13 V/f制御による周波数－トルク特性

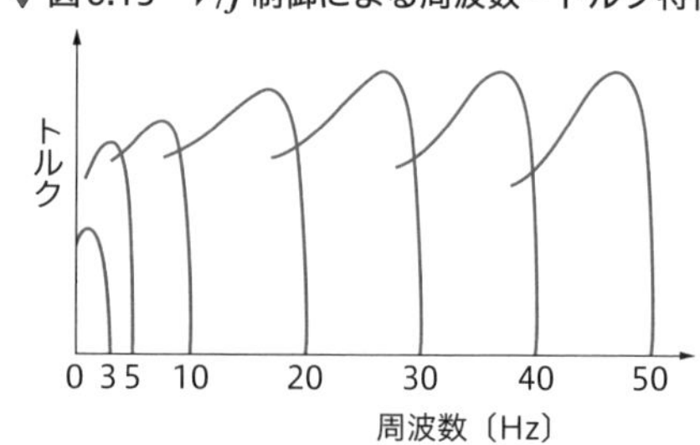

2 トルクブースト

図6.13から，超低速域（図では周波数が3Hz以下）ではモータのトルクの低下が顕著に見られます．これはモータの電源電圧に比べて，モータの内部抵抗による電圧降下の割合が大きくなり，モータの磁束が減少することに起因しています．この対策としてインバータでは図6.14に示すように，低速域での出力電圧を高めてモータの磁束を増し，トルクをアップさせます．このようなトルクアップの方法をトルクブーストと呼びます．

ここで注意することは，低速域ではモータの冷却ファンの風量が減少してモータの温度が上昇するので，長時間の低速運転は避けねばなりません．低速で大きなトルクを必要とする負荷を駆動する場合は，インバータ専用モータ（定トルクモータともいい，温度上昇対策を施したモータ）を用います．

▼図6.14　トルクブースト

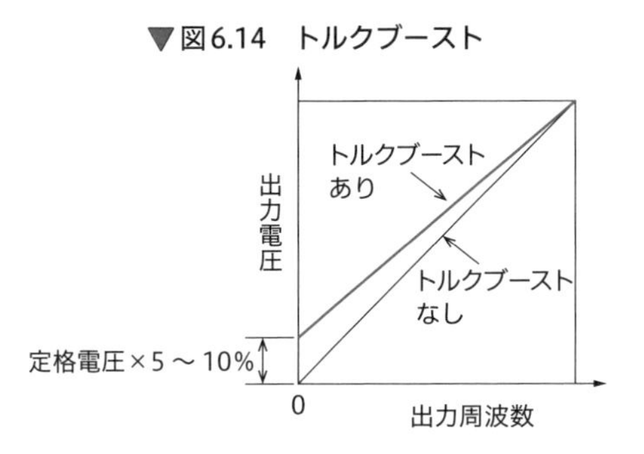

3 ベクトル制御

1で述べた*V*/*f*制御は，図6.15（a）のようにインバータに与えられた速度指令に基づいた，周波数と電圧をモータに出力するオープンループ制御です．一方，ベクトル制御では，同図（b）のようにモータの軸につながれたPG（Pulse

▼図6.15　*V*/*f*制御とベクトル制御

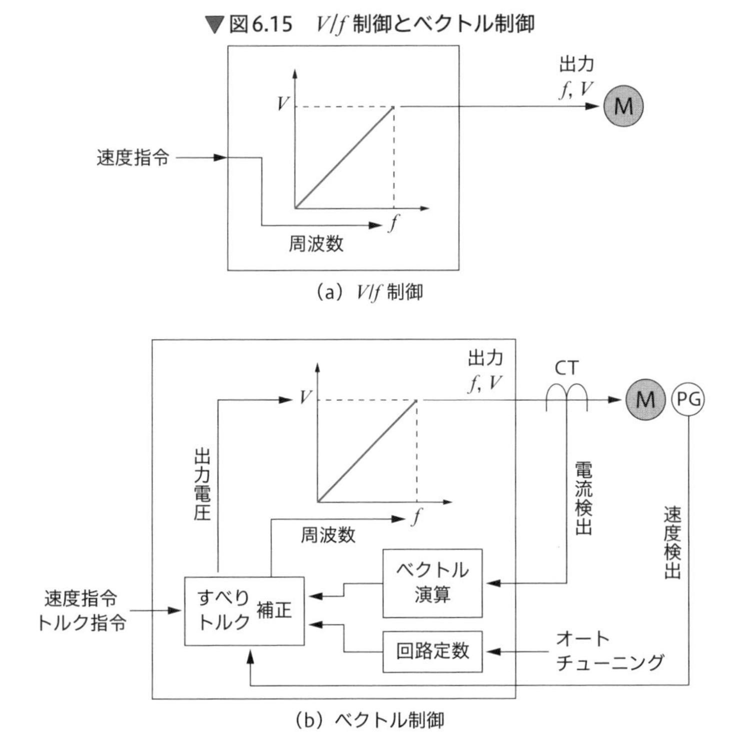

Generator：デジタル出力の速度センサ）からモータの実速度を検出します．また，モータの電流を検出して，これをベクトル演算し，トルクに対応する電流とモータの励磁に対応する電流とに分割します．

これらの情報からモータのすべり，トルクの変動を計算し，速度，トルク指令に応じた補正を加えてモータに所定の周波数，電圧を出力します．ベクトル制御では同図(b)に見るように指令された速度，トルクを目標値とするクローズドループ制御（フィードバック制御）がなされています．

表6.2は*V*/*f*制御，ベクトル制御の特性比較です．*V*/*f*制御はポンプ，ファンなどの流量制御や台車，コンベアなどの簡易な速度制御に用いられます．ベクトル制御は広範で迅速な速度制御が可能なので，紙，フィルムの巻き出し，巻き取りなどのFAシステムやクレーン，エレベータなどの昇降装置などに用いられます．

表6.2　*V*/*f*制御とベクトル制御の特性比較

		V/*f*制御		ベクトル制御	
		トルクブーストなし	自動トルクブースト	PGなし	PGあり
始動トルク	1Hz	<30%	30～50%	150%	$1\mathrm{min}^{-1}$　150%
	3Hz	30%	150%	150%	$90\mathrm{min}^{-1}$　150%
	6Hz	80%	150%	150%	$180\mathrm{min}^{-1}$　150%
速度制御範囲*		1/10	1/15	1/120	1/1,500
速度変動率（すべり補正）		2～5%（なし）	2～5%（なし）	1%（あり）	0.01%（あり）
トルク制御		なし	なし	なし	あり
速度検出		なし	なし	演算による	速度センサによる

＊比は定格速度に対する速度制御範囲を表します．

chapter 6 Q45 サーボモータとは？

エネ子　昨日，テレビでロボットコンテストを見ましたが，歩行でつまずいたり，ひっくりかえったりして面白かったですね．

筆者　ロボットの足や腕の動きには，サーボモータという小型モータが使われているんだよ．

エネ子　そうすると，ロボットはサーボモータのかたまりともいえますね．

筆者　そうだね．ポンプやファンに使われているモータとは違ってサーボモータは起動，停止がすばやくできて，しかもトルクが大きいこと，小型で軽いことなどが必要だね．

A45

サーボモータは，ロボットなどの装置に数多く用いられています．直流モータと交流モータがありますが，通常のモータと異なった特性を要求されますので，その概要を調べてみましょう．

1 サーボ機構とサーボモータ

自動制御は，表6.3に示すように制御量からプロセス制御，自動調整，サーボ機構に分類されます．プロセス制御，自動調整はいずれも制御量を一定に保つ定値制御であるのに対し，サーボ機構は物体の位置の移動を対象にした制御で，目標値の変化を追いかける追値制御がほとんどです．サーボモータはサーボ機構の中で動力の発生部として重要な役割を担っています．

表6.3　自動制御の分類

制御方式	内　容
プロセス制御	制御量が温度，圧力，流量などである制御
自動調整	制御量が周波数，力率，電圧，電力などである制御
サーボ機構	制御量が角度や変位を主体とする制御

通常，ポンプやファンを駆動するモータは負荷を定常的に回転させるのみで，負荷の位置や角度については問題としていません．これに対し，サーボモータは，例えば負荷の位置を指示された位置にすばやく移動させることが求められるため，急激な加減速動作を的確に行う必要があります．したがって，サーボモータには

○回転子の慣性が小さいこと

○電気的時定数（モータコイルのL/R）が小さいこと

○発生トルクが大きいこと

○小型，軽量で機械的強度が高いこと

などが求められます．

2 サーボモータの種類

サーボモータにはDCサーボモータ，ACサーボモータがあります．さらにACサーボモータは同期モータ（永久磁石回転子を用いる）と誘導モータに分類されます．それぞれの特性比較を表6.4に示します．

DCサーボモータは比較的安価で，制御が容易であることから産業用ロボットやコンピュータ端末などに古くから利用されています．一方，ACサーボモータはDCサーボモータの整流機構（ブラシと整流子）による性能，保守上の制約を解消することができ，DCサーボモータより優れた動作性能を得ることができることなどの特徴から，DCサーボモータに代わって産業機器に幅広く利用されています．また，ACサーボモータではロータの発熱がないことなどの構造上の利点から，永久磁石ロータを用いた同期モータが大半を占めています．

表6.4　サーボモータの比較

分類／項目	DCサーボモータ	ACサーボモータ	
		同期モータ	誘導モータ
モータの構造	ブラシ，整流子あり	簡単	簡単
高速化	やや困難	比較的容易	容易
制動	容易	容易	かなり困難
発熱	ステータ，ロータ両方	ステータのみ	ステータ，ロータ両方
制御方法	容易	複雑	複雑
保守性	ブラシの保守要す	メンテナンスフリー	メンテナンスフリー

3　速度制御の方法

3-1 DCサーボモータの速度制御

DCモータの速度制御の方法は，図6.16（a），（b）に示すように電圧制御法とパルス制御法があります．電圧制御法は直流電源とモータとの間にアナログ的な電圧調整手段を設けてモータに印加される電圧を連続的に制御し，モータの速度を制御する方法です．（a）はトランジスタを用いた電圧制御法の例で，R_vを可変することにより，モータに印加される電圧を連続的に変えることができます．

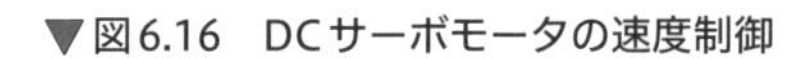
▼図6.16　DCサーボモータの速度制御

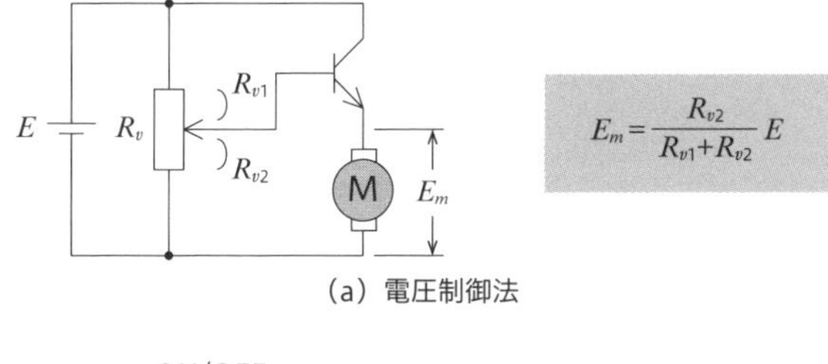

（a）電圧制御法

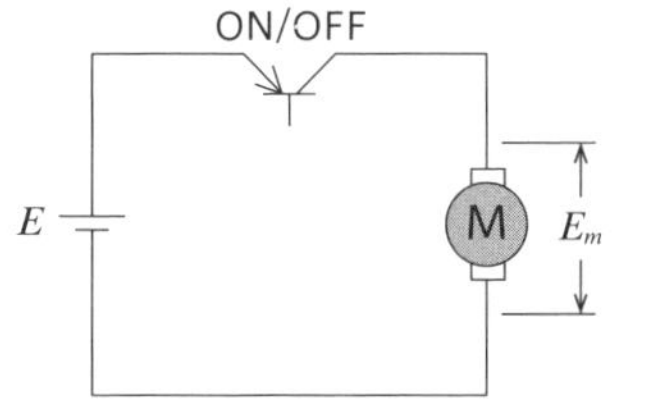

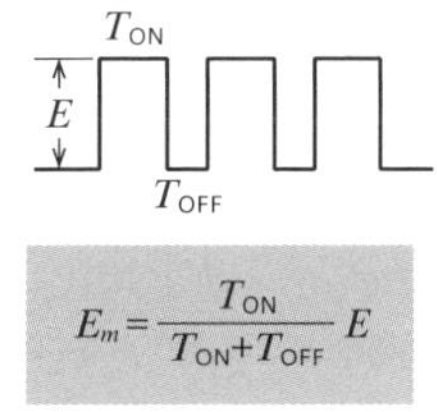

（b）パルス制御法

パルス制御法は（b）のようにモータと直列に接続されたトランジスタをON，OFFしてモータに印加する平均電圧E_mを可変します．この方法によれば，トランジスタの損失を前記の電圧制御法に比べて大幅に抑制できます．

3-2 ACサーボモータの速度制御

ACサーボモータの速度制御は，DCサーボモータに比べてはるかに複雑です．図6.17に同期モータの駆動装置（ドライバと呼ばれます）の構成を示します．ベクトル制御インバータと類似した機能にモータの回転子の位置をすばやく検出して，三相の電流の位相を制御する機能が付加されています．これはモータの回転子の位置によらず，一定で滑らかな出力トルクを取り出すために必要な機能です．このため，ACサーボモータには回転子の位置検出のためのセンサが必ず組み込まれています．

▼図6.17　ACサーボモータのドライバ

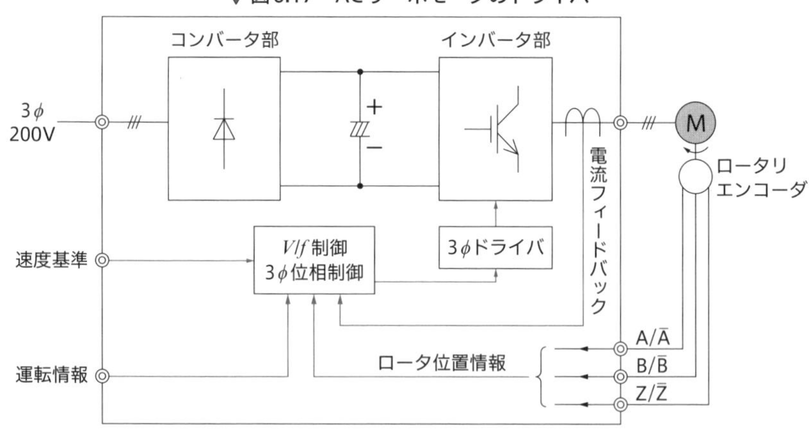

4 速度，位置の検出

4-1 パルスジェネレータ

パルスジェネレータ（Pulse Generator：略してPGという）は，光学式の回転数センサでモータの軸に取り付けられます．図6.18にその代表的な構造を示します．モータと同軸上にあるスリット円板を，ホトインタラプタ（発光：LED，受光：ホトトランジスタ）ではさみ，回転による光のON，OFF信号をモータの速度として検出し，デジタル信号として出力します．この方法はス

▼図6.18　パルスジェネレータの原理

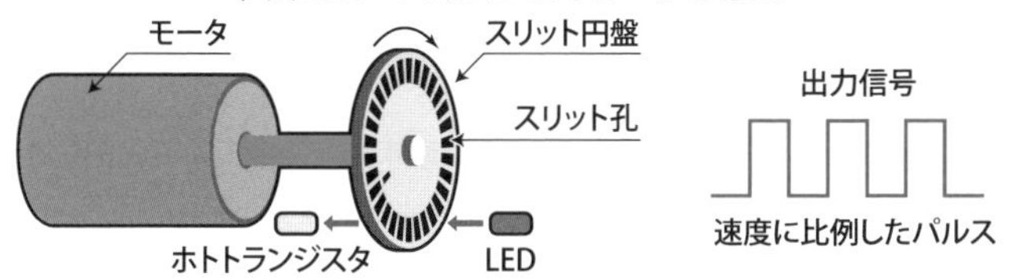

リット孔を増やせば，モータ1回転当たりの分解能を高くとることができるので，低回転時でも安定な出力信号が得られ，高精度の速度制御には欠かすことができない機器です．

4-2 ロータリエンコーダ

ロータリエンコーダ（Rotary Encorder）は，モータの回転軸の回転角変位をデジタル量に変換する機器です．エンコーダを構成するセンサには光学式と磁気式があります．

図6.19は，インクリメンタル型ロータリエンコーダの原理を示したもので，回転軸に直結したスリット円板とこれをはさんだホトインタラプタから構成されています．出力信号はA相，B相，Z相の3つがあり，A，B相は90°の位相差となるよう，あらかじめ設定されており，Z相は回転軸1回転で1パルスの出力信号を出し位置決めの原点用として使われます．この3組の信号を使い，正逆転の判別，回転角（回転子の位置）を検出します．

▼図6.19　インクリメンタル型ロータリエンコーダの原理

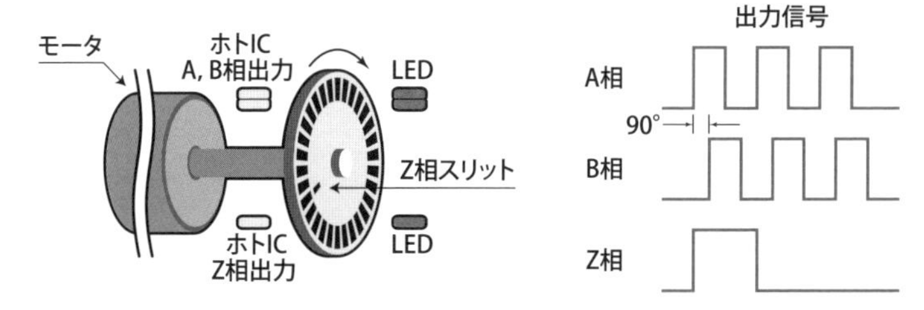

DCサーボモータのPWM制御

これまでにもPWM制御という用語がでてきましたが，ここではDCサーボモータの速度制御法として取り上げます．PWM制御法は先に図6.16（b）で述べたパルス制御法の一種で，同図でトランジスタをON，OFFする周期T（$=T_{\mathrm{ON}}+T_{\mathrm{OFF}}$）を一定に保ち，$T_{\mathrm{ON}}$または$T_{\mathrm{OFF}}$を可変することにより，モータに印加される電圧の平均値E_Mを制御する方法です．ここで，E_Mは

$$E_M=\frac{T_{\mathrm{ON}}}{T_{\mathrm{ON}}+T_{\mathrm{OFF}}}E=\frac{1}{1+\dfrac{T_{\mathrm{OFF}}}{T_{\mathrm{ON}}}}E$$

と表されるので，E_MはT_{ON}とT_{OFF}の比で決められることになります．例えば，図6.20に示すようにTを10msec一定に保ち，T_{ON}を徐々に大きくしていくことによりモータ速度を滑らかに上昇でき，モータの起動特性を制御することができます．

▼図6.20　DCサーボモータのPWM制御

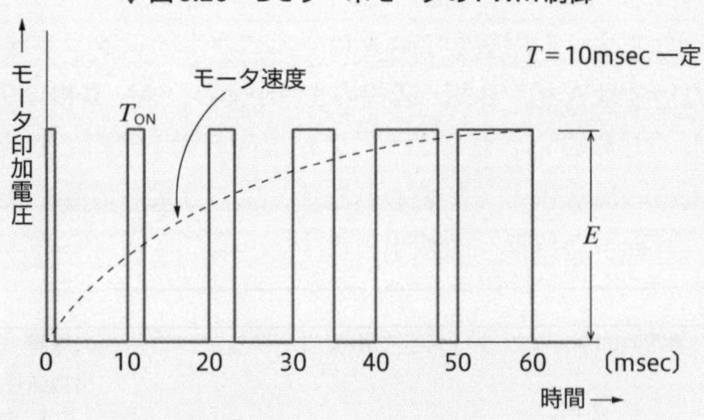

第7章

脱炭素化社会実現に貢献する電気の省エネ

近年，地球温暖化が進行していることを我々は身をもって認識し，それが化石燃料の使用によって大量に発生した二酸化炭素（以下CO_2と表す）の存在に起因していることを知っています．

日本政府は2020年10月に，CO_2の正味排出量を2050年までに実質ゼロとする脱炭素社会（カーボンニュートラル）の実現を明らかにしました．脱炭素化社会の実現に，我々現場エンジニアが電気の省エネを通してどのように貢献できるか，考えてみましょう．

脱炭素社会と電気の省エネとの関係は？

エネ子　この頃夏がすごく暑いですね．地球温暖化の表れでしょうかね？

筆者　そうだろうね．だから日本では2050年までに，CO_2排出量をゼロにする脱炭素社会を実現しようとしているんだよ．

エネ子　脱炭素社会と一口に言っても，それを実現させるにはたいへんなお金と時間がかかりますね．

筆者　そこでだ．これまで我々が進めてきた電気の省エネを一段と進めることが，脱炭素社会の実現に役立つことを知らなくてはね．

A46

脱炭素社会を実現するには，これまでにない技術革新とそれに伴う莫大な費用と時間が必要です．それをサポートする意味で，これまで実行されてきた電気の省エネをより強力に，また粘り強く実施していくことが求められています．まずは地球温暖化のシナリオから調べてみましょう．

1 地球温暖化のシナリオ

地球を取り巻くCO_2などの温室効果ガスは，太陽からの熱を閉じ込め，地表を暖める働きがあります．地球温暖化は現在進行形ですが，今後どのように変化していくでしょうか．温暖化の将来予測について，いくつかのシナリオが出されていますが，その一例を紹介します．

図7.1は人為的なCO_2年間排出量の変化を，また図7.2はCO_2排出量に対応する地球平均気温の変化を表しています．気候変動政策の導入がないシナリオとして，

▼図7.1　2100年までの人為的CO_2年間排出量

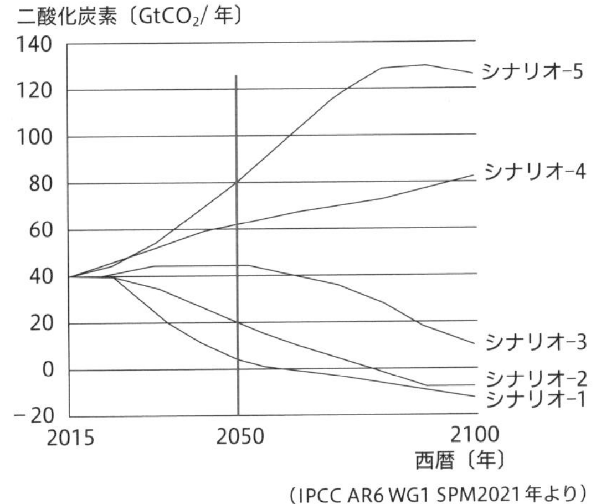

（IPCC AR6 WG1 SPM2021年より）

▼図7.2　地球平均気温の変化

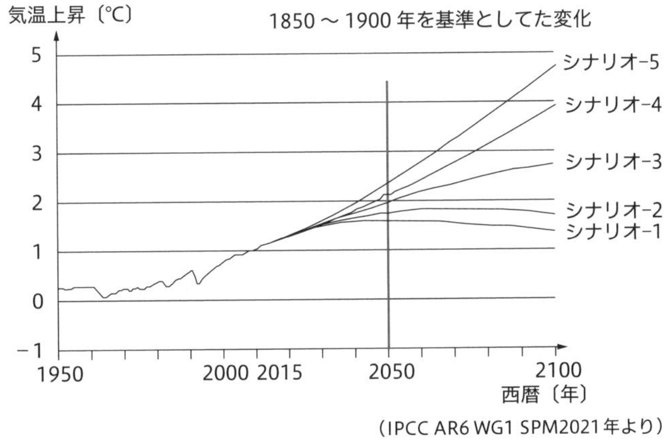

（IPCC AR6 WG1 SPM2021年より）

CO_2が2015年から2050年で2倍になるシナリオ－5，2100年に2倍になるシナリオ－4があります．一方，気候変動政策が導入されて，2050年にCO_2排出量がほぼゼロになり，それ以降は正味負になるシナリオ－1，同様に正味ゼロが時間的に遅くなるシナリオ－2，およびCO_2排出量が中程度のシナリオ－3が図に含まれています．図から日本政府は最もシビアなシナリオ－1を推進していることがわかります．

2 地球温暖化の影響

現在のままCO_2を排出し続け，地球温暖化が進行するとどのような影響が表れるのか，またその程度がどのようなものかについてはまだ十分な解明がなされていません．しかし，表7.1に表すように人類を含めた生物の生存環境が大きく変わることが予測されています．

表7.1　地球温暖化の影響

主な影響	具体例
水資源への影響	地域ごとの気温，降水量が大きく変わり，水害，干ばつが増加する
自然生体系への影響	地球上の植生が変わり，それによって動物の生体系も変わる
農業への影響	農業生産の分布に変動が起こり，地球規模での食料需給の図式に大きな変化が起こる
人間の健康への影響	人口密度の高い温帯域の亜熱帯化により，これまでになかった風土病などが流行する
海水面上昇の影響	南極の氷山の融解により海水面が上昇し，低地の都市機能が壊滅する

3 脱炭素社会への電気の省エネの貢献

先に述べましたが，日本政府は2020年から30年間でCO_2の正味排出量をゼロにすることを宣言しています．この内訳を図7.3に示します．図から2020年におけるCO_2排出量の93％がエネルギー由来であり，これは電力（主に発電分野）由来41％，非電力（主に産業，輸送，民生分野）由来52％に分解されます．

電気の省エネは，図中における電力由来の41％のCO_2の値を直接減少させる

▼図7.3　CO_2 排出削減の内訳

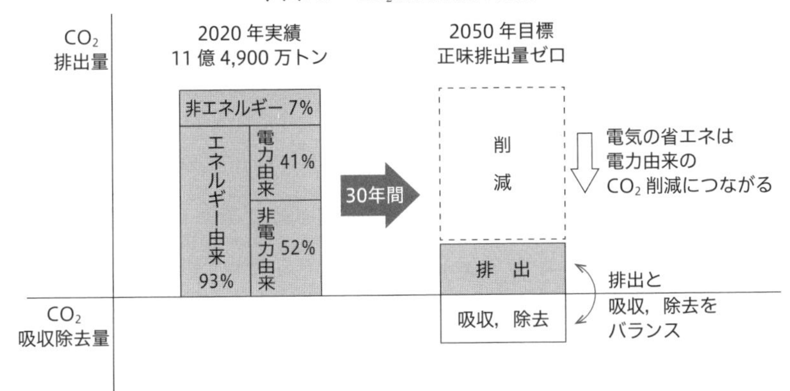

効果があります．今後の電気の省エネは，従来から着実に実施されてきた産業部門（生産を目的とする工場など）に加えて，ビルなどの建物および家庭を対象とした民生部門においても積極的に推進されなければなりません．

電気の省エネの効果はどう表す？

筆者 電気の省エネには2つの効果があるのだがわかるかい？

エネ子 Q46で勉強したCO_2排出量の削減ですよね，あと1つは何かな？

筆者 それはね，電気料金の削減，つまり我々が勤めている会社に利益が生まれるということだよ．

エネ子 そうですね．毎月の使用電力量が以前より減るのですから．

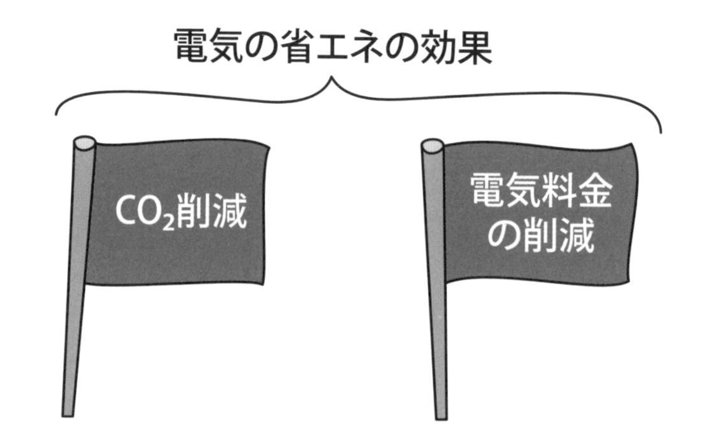

電気の省エネの効果を数値化することは，誰にでもその効果を理解してもらえるので，省エネを継続するうえでとても大切なことです．エンジニアはPRすることが苦手ですが，これらの数値を会社の皆さんに自信をもってPRすることが，省エネの継続に欠かせない事柄です．

1 CO_2排出削減量の算出

省エネによって電力量や燃料（石油，都市ガスなど）の削減がなされた場合，これを等価なCO_2排出削減量に換算することができます．表7.2に燃料別のCO_2排出係数を示します．対象とする燃料の削減量に対応する排出係数を乗じた値がCO_2排出削減量〔kg〕を表します．

表7.2　燃料別CO_2排出係数

燃料区分	使用量の単位	CO_2排出係数 kg CO_2/kW･h，kg，L，Nm^3
電力	kW･h	0.452*
一般炭	kg	2.38
ガソリン	L	2.32
灯油	L	2.49
軽油	L	2.58
A重油	L	2.71
B，C重油	L	3.00
LPG	kg	3.00
都市ガス	Nm^3	2.23

*東京電力2021年度報告用（環境省「各種燃料排出係数」2021より）

2　電気料金削減額の算出

①　電気の契約種別

電気を購入する場合の契約種別は，各電力会社の「電気供給約款」に詳細が定められていますが，ここでは多くの現場のエンジニアが日常接している，高圧受電に対する主な電気の契約種別を表7.3に示します．

表7.3　高圧受電に対する主な電気の契約種別

契約種別	対象需要家	契約電力	契約電力の決め方
業務用電力	ビル等の事業場	50kW以上 2,000kW未満	500kW未満：従量制 500kW以上：協議
高圧電力	工場等の事業場	500kW以上 2,000kW未満	協議
高圧電力A	小規模工場等の事業場	50kW以上 500kW未満	従量制

（東京電力電気供給約款より）

表中の業務用電力はビル等の事業場（例えば事務所，学校，病院，飲食店など）を対象としています．高圧電力は工場等の事業場を対象としており，このうち小規模事業場は高圧電力Aとして分類されています．また契約電力の決め方のうち従量制とは，その1か月の最大需要電力とそれ以前の11か月の最大需要電力のうち，いずれか大きい値を契約電力とする方法です．

② 電力料金の算出

先に述べた業務用電力，高圧電力，高圧電力Aの月間電気料金は次式によって求められます．式中の料金単価は契約種別によって異なり表7.4のように定められています．

月間電気料＝基本料金単価×契約電力×(1.85－月平均力率)→基本料金
　＋電力料金単価×月間使用電力量±燃料調整費→電力量料金

表7.4　契約種別と料金単価

契約種別	基本料金単価　円/kW	電力量料金単価　円/kW・h	
		夏季料金	その他季料金
業務用電力	1,716	17.54	16.38
高圧電力	1,815	16.16	15.15
高圧電力A	1,292.50	17.37	16.24

（東京電力電気供給約款料金表（高圧）2019.10.1実施より）

基本料金には上式に示すように力率割引があり，その基準値0.85をベースに月平均力率によって料金が割引または割増しされます．電力量料金単価は，表7.4に示すように夏季（7月1日～9月30日）とその他季（10月1日～翌年6月30日）の2種類に分けられています．また燃料調整費は，火力燃料（LNG，原油，石炭）の価格変動を定められた方式で電力料金に反映させた費用です．

上式から電気料金の削減には，使用電力量の削減（電気の省エネに対応します）と契約電力を引き下げること，および月平均力率を1に近づけることが，重要な技術的検討項目として挙げられます．

chapter 7 Q48 電気の省エネの進め方は？

（エネ子）今から考えてみると，電気の省エネを始めてから定着するまでが大変でした．

（筆者）省エネをトップダウンで始めたこと，やさしい省エネ，つまり費用のかからない省エネから始めて，従業員の皆さんの協力体制ができたことが大きいね．

（エネ子）それから本格的な省エネに進みましたが，大きな費用がかかるので，ずい分電気の勉強になりましたよ．

（筆者）本格的な省エネでは経済性，つまり投資効果もよく検討しなければね．

A48

電気の省エネは設備の改善や新設などのハードウェアの構築も大切ですが，同時に従業員の方々との協力体制をつくるというソフトウェアの構築も見逃せません．ここではハードウェアの構築について，まずやさしい電気の省エネを解説し，次に本格的な電気の省エネについて述べることにします．

1 やさしい電気の省エネ

電気の省エネは費用がかからず，手軽に実行できる項目から始めます．この省エネを通じて従業員の方々に省エネの必要性をよく理解してもらい，協力者となっていただくことが大切です．そのための手法として，Q47で学んだ省エネの効果を数値化しPRすることが役立ちます．やさしい電気の省エネの具体例を表7.5にまとめました．以下，表の補足説明を加えます．

表7.5　やさしい電気の省エネの具体例

対象設備	実施項目	実施内容	備　考
照明設備	必要時， 必要場所の照明	・プルスイッチによる個別点滅 ・人感センサによる自動点滅 ・不要照明器具の間引き	①参照
	照明器具の効率アップ	・蛍光灯からLEDへの切替え ・器具の清掃	②参照
	休憩時間， 残業時間の節電	・休憩時間の一斉消灯 ・残業時間の不要灯消灯	
	昼間採光の促進	・窓ガラスの清掃，天井採光促進	
空調設備	空調効率アップ	・フィルタの定期的清掃 ・サーキュレータによる室内温度分布の改善 ・熱交換機の夏期よしず張り	
同上	室内温度調節	・夏期28℃，冬期20℃の設定 ・中間期には外気導入による空調停止	
空気圧縮設備	圧力の適正化	・末端圧0.5MPa目安化 ・空気配管の腐蝕部補修	
	吸気温度の低下	・吸気を室内から屋外へ変更	
その他	スケジュールタイマの活用 自動販売機の省エネ	・ユーティリティ設備の時間内稼働 ・自動販売機の深夜停止 ・自動販売機の省エネモード採用	③参照
	建物の補修	・窓ガラスへの遮熱シート貼付け ・屋根・壁への遮熱塗料の塗布	④参照

①　人感センサによる自動点滅

給湯室やトイレなどに人感センサを利用して，入室時のみ照明を点灯させます．LEDランプには，ランプ内に人感センサの機能を封入しているものも発売されているので簡単に利用できます．

② 蛍光灯からLEDへの切りかえ

LEDは蛍光灯の1.3倍の発光効率を有し，理論上2倍近くまで引き上げられることが可能と言われています．政府は2030年までには蛍光灯，水銀灯の照明器具を全部LED（有機ELも含めて）の照明器具に替える政策を進めています．現状ではこれらの器具の生産は終了しており，蛍光ランプは一部のメーカがメンテナンス用として生産を継続しています．

③ 自動販売機の省エネモード

自動販売機に多忙な時間帯を認識させ，その時間帯に合わせて冷凍機や温水器を集中的に稼働させ，1日の使用電力量を低減させます．自動販売機の管理会社に相談するとよいアイデアを提供してもらえます．

④ 遮熱塗料の塗布

建物の壁，屋根に当たる太陽光の赤外線を反射する塗料です．図7.4に示すように室内の温度上昇を抑えることができます．

▼図7.4　従来塗料と遮熱塗料

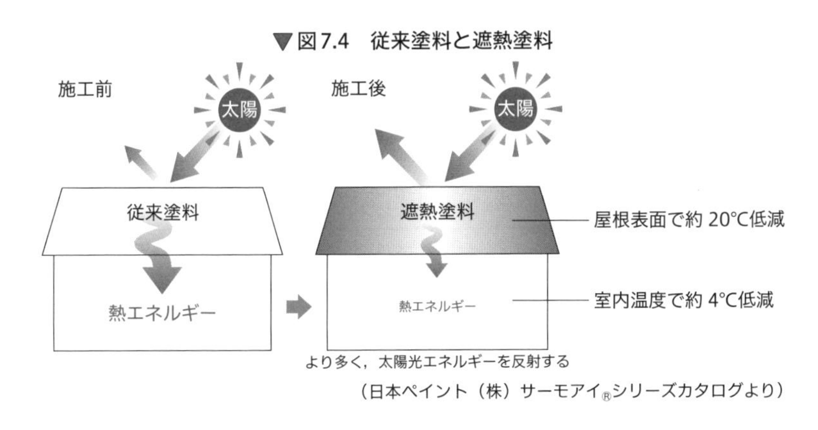

（日本ペイント（株）サーモアイ®シリーズカタログより）

2 本格的な電気の省エネ

2-1 投資効果の評価

省エネのためにある金額の投資を計画したとき，事前に投資効果を評価しておく必要があります．その方法の1つとして投資回収年数があります．省エネによって得られる電気料金の削減の累計が，投資額に等しくなる年数のことをいい，次式で表されます．

$$\text{投資回収年数} = \frac{\text{投資金額}}{\text{年間の省エネ金額}}$$

投資回収年数経過後に得られる省エネ金額は，利益として計上することができます．例として投資回収年数が3年以内なら投資効果は大，5年以内なら中，5年超の場合投資効果は小さく，再考を要すると判断されます．

2-2 本格的な電気の省エネ

本格的な電気の省エネの具体例を表7.6にまとめました．内容は主に工場，事務所などに共通した事柄について述べられています．省エネのために個別の設備の改善，新設を実施する場合は製品の品質変化などに留意する必要があります．以下，表の補足説明を加えます．

表7.6　本格的な電気の省エネの具体例

対象設備	実施項目	実施内容	備　考
受電設備	契約電力の消滅	・デマンドコントローラ導入による最大需要電力の抑制	①参照
	受電力率の向上	・電力用コンデンサの設置または増設 ・自動力率調整装置の導入	②参照
配電設備	配電損失低減	・400V配電および機器の採用 ・低圧側力率の改善	
モータ，トランス	機器の高効率化	・高効率モータ，トランス（トップランナまたは超トップランナ）の採用	③参照
ポンプ，ファン等の回転機器	モータの回転数制御	・インバータによるモータの省エネ運転	④参照
照明設備	器具の高効率化	・蛍光灯器具からLED器具への変更 ・水銀灯器具から下記HID器具への変更（メタルハライドランプ，無電極放電ランプ，高圧ナトリウムランプ）	
空調設備	設備の高効率化	・高効率機器（高COP）への変更	⑤参照
建物まわり	断熱効果の向上	・壁，床の断熱処理 ・窓ガラスの複層化 ・屋根，壁への遮熱塗料塗布	
その他	コージェネ	・ガスタービン，ガスエンジンの導入と廃熱利用	
	ESCO	・省エネに必要な技術，設備，人材の外部業者からの提供	

①　デマンドコントローラの導入による契約電力の削減

デマンドコントローラは，Q47の**2**－②で述べた電気料金の計算式における契約電力の削減を目的として導入する機器です．図7.5に示すデマンドコントローラは，需要家の現在使用している電力の変化から最大需要電力（30分毎の平均電力の最大値）を予測し，この値が契約電力を超える可能性のある時に警報を発します．この警報をもとに負荷の調整を行うことで，最大需要電力の値を抑制することができます．

▼図7.5　デマンドコントローラの外観

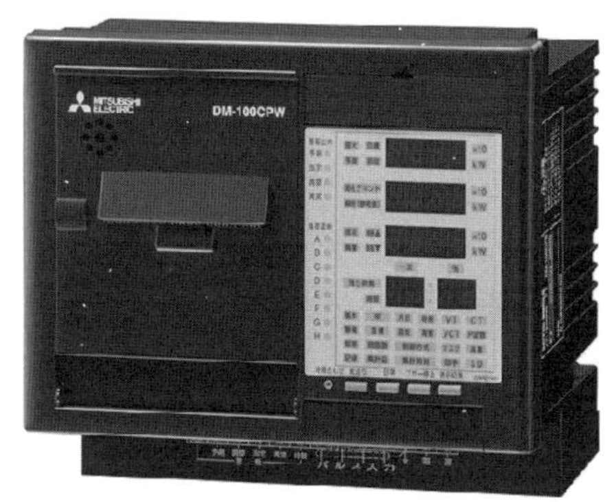

（画像提供：三菱電機（株）　DEMACON）

②　電力用コンデンサの設置または増設による受電力率の向上

工場，事業所における負荷の多くはモータ負荷ですので，受電力率は遅れ0.7～0.8程度になります．電力用コンデンサの設置または増設によって，この力率を1に近づけることで，基本料金の削減を図ることができます．自動力率調整装置は負荷の力率を常時監視し，力率が常に1近辺になるよう電力コンデンサの使用台数を制御します．主に大規模な需要家に対して用いられるシステムです．

③　高効率モータ，トランスの採用

近年，磁性材料の進歩によってモータやトランスの鉄損（無負荷損）の減少が著しく進み，機器の高効率化が図られトップランナの名称が付けられています．モータのみを同一出力のトップランナに変更する場合，モータサイズ，定格回転数，発生トルクなどが大きくなる傾向があります．そのため，スムースな交換ができないケースが予想されるので，事前の確認が必要です．

④　インバータによるファン，ブロワおよびポンプの省電力運転

ファン，ブロワおよびポンプで流量調整をダンパやバルブで行う場合，モータはほぼ一定回転数なので軸動力はあまり変化しません．軸動力はモータ回転数の3乗に比例するので，必要流量に応じてモータ回転数をインバータによって制御することにより，大きな省電力効果が得られます．

図7.6（a）にファン，ブロワのダンパ制御時とインバータ駆動時の消費電力の違いを，また同図（b）にはインバータ駆動による省電力を示します．同図から，低負荷の領域において大きな省エネ効果が得られることがわかります．

▼図7.6　インバータ駆動による消費電力変化と省電力

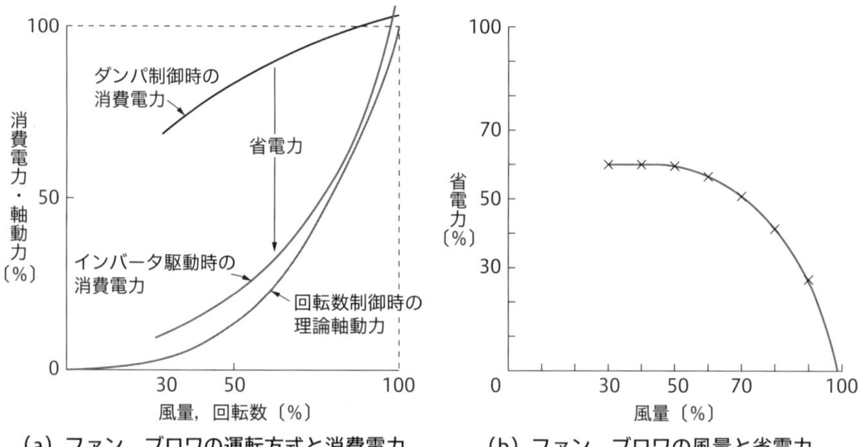

（a）ファン，ブロワの運転方式と消費電力
（安川電機　編：インバータドライブ技術（第3版），日刊工業新聞社（2006年）図6.2　ファン，ブロワの運転方式と特性より引用，一部改変）

（b）ファン，ブロワの風量と省電力

⑤　空調設備の高効率化

近年，空調設備の高効率化が著しく進んでいます．空調機は図7.7に示すヒートポンプを原理として，冷房時は低温側の熱の吸収を，暖房時は熱の排出を利用します．ヒートポンプの効率は成績係数（COPと称します）を用います．図における吸熱エネルギーをQ_1，圧縮機で加えられるエネルギーをW，放出するエネルギーをQ_2とするとCOPは

$$\mathrm{COP} = \frac{Q_2}{W} = \frac{Q_2}{Q_2 - Q_1} = \frac{t_2}{t_2 - t_1}$$

と表されます．COPは従来のターボ冷凍機では6程度でしたが，インバータでターボ冷凍機を駆動することにより，部分負荷のCOPは10～16に向上しています．また，ヒートポンプの熱源としての応用は給湯器，乾燥機などへと広がっています．

ヒートポンプが空調，加温などの熱源のすべてに用いられたとすると（燃料をすべて電気で賄うと仮定すると），日本の年間CO_2総排出量の10％が削減されると試算されています．

▼図7.7　ヒートポンプの原理

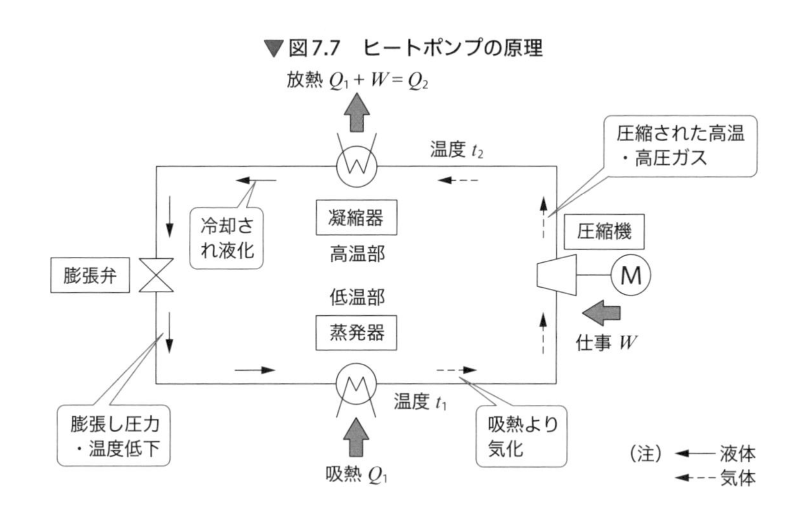

chapter 7

Q49 投資効果の評価の実例は？

筆者 さて，本格的な省エネにとりかかりたいのだが，君にその効果について評価してもらいたいと思っているんだ．

エネ子 わー，それは大変な仕事ですね．ぜひやってみたいと思います．

筆者 受電設備の改善とインバータによるファンの省エネ運転の二点についてだ．

エネ子 えーと，Q47で学習した毎月の電気料金の算定と，Q48で学習した投資回収年数を求めればよいのですね．

筆者 そーだ．君のつくった資料を添付して会社のトップに投資可否の判断をしてもらうことにしよう．

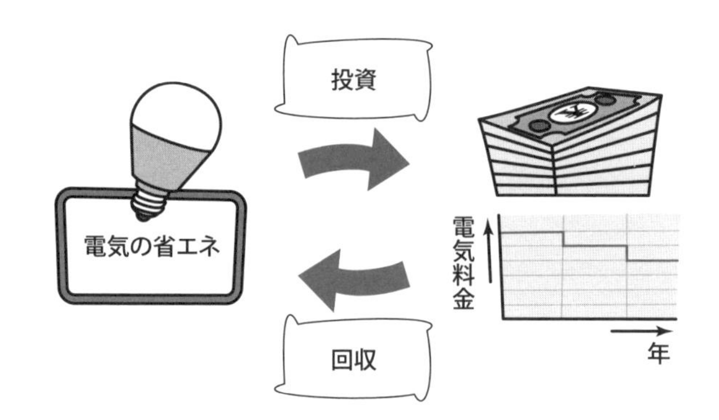

A49

電気の省エネの2つの例題について，年間の電気料金の削減額と投資額から投資回収年数を求めます．読者もエネ子さんになったつもりでチャレンジしてみて下さい．

1 テーマ：受電設備の改善

工場受電設備へのデマンド･コントローラおよび電力用コンデンサの導入によって契約電力を600kWから540kWに，また，月平均力率を0.85から0.98に改善する計画です．投資金額（デマンドコントローラ，電力用コンデンサおよび附帯設備，電気工事費など）を8,000,000円とするとき，月当たりの基本料金削減額および投資回収年数を求めてください．

なお，電気料金の計算は表7.4の高圧電力の数値を用いてください．

計算　表7.4から高圧電力の基本料金単価は1,815円/kWとなります．

省エネ実施前後の月額基本料金は

実施前　600kW×1,815円/kW×(1.85－0.85)＝1,089,000円

実施後　540kW×1,815円/kW×(1.85－0.98)＝　852,687円

したがって，月当たりの基本料金削減額は236,313円となります．投資回収年数を求めると

$$\frac{8{,}000{,}000\text{円}}{236{,}313\text{円}} \times \frac{1}{12\text{月}} = 2.82\text{年}$$

となります．

2 テーマ：インバータによるファンの省エネ運転

都市ガスを用いた加熱炉に，燃焼用空気を導入するファンの風量制御をダンパによる開度制御からインバータによる駆動モータの回転数制御に変更する計画です．ファンに要求される1日の風量パターンが図7.8に示すとおりの場合，図7.6（b）に示されるインバータによる省電力グラフを用いて，1か月当たりの電気料金削減額（1か月を30日とする）を求めてください．省電力の計算に当たっては，電力量料金単価は15.15円/kW·h，また，図7.6（b）における100%風量時のモータ消費電力は15kWとし，その時点における省電力はゼロとします．

次にインバータ設置に要する費用をインバータ本体，附帯電気工事を含めて1,100,000円として投資回収年数を求めてください．

▼図7.8　1日の加熱炉ファンの風量パターン

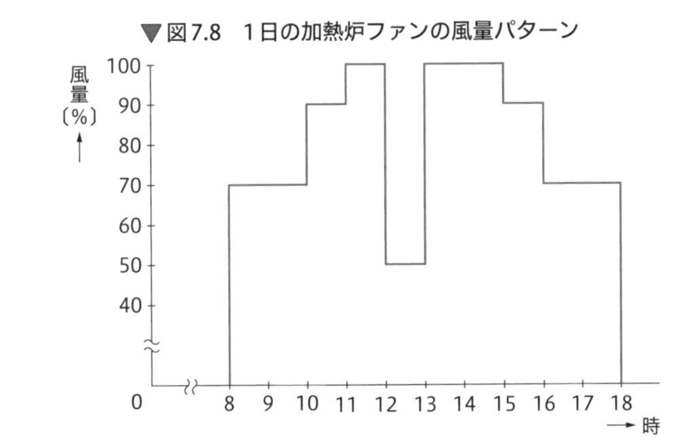

計算　図7.8から，インバータを用いた場合の1日当たりの省電力量は46.8kW·hとなります（下記計算を参照）.

$$\left.\begin{array}{l}\text{風量100\%時：0}\\ \text{風量 90\%時：}15\text{kW}\times 0.26\times 2\text{h}=7.8\text{kW}\cdot\text{h}\\ \text{風量 70\%時：}15\text{kW}\times 0.5\times 4\text{h}=30\text{kW}\cdot\text{h}\\ \text{風量 50\%時：}15\text{kW}\times 0.6\times 1\text{h}=9\text{kW}\cdot\text{h}\end{array}\right\}\text{計}46.8\text{kW}\cdot\text{h}$$

したがって，1か月当たりの電気料金削減額は

$$46.8\text{kWh/日}\times 15.15\text{円/kW}\cdot\text{h}\times 30\text{日}=21{,}271\text{円/月}$$

投資回収年数を求めると

$$\frac{1{,}100{,}000\text{円}}{21{,}271\text{円}}\times\frac{1}{12\text{月}}=4.31\text{年}$$

となります.

ZEBってなんのこと？

エネ子＞ 最近，省エネの記事にZEBという用語を見かけますが，なんのことですか？

筆者＞ ZEBとはnet Zero Energy Buildingの略称で，年間に消費するエネルギーの収支をゼロに近づけることを目標とした建物のことだよ．

エネ子＞ それはすごいですね．まさに究極の省エネビルとも言えますね．

筆者＞ そーだね．脱炭素社会の実現には建物のZEB化が必須とも言えるんだ．電気の省エネのまとめとしても好都合なので少し調べてみよう．

A50

オフィスビルや小売店舗などの建物が主体となる民生分野は，産業分野に比べ省エネが遅れていると同時に，CO_2排出量の削減が難しい分野でもあります．そこで新築の建物はもちろん，既設の建物においてもZEB化の推進が推奨されています．

1 建物のエネルギー消費とZEB

建物は空調や換気，照明，給湯，エレベータなどにエネルギーが消費されます．これらのエネルギーを省エネにより極小化し，残りの必要なエネルギーを太陽光発電などでつくり出すこと，つまり創エネによって建物のエネルギー収支をゼロにすることを目的とした建物がZEBです．これをイメージ化したのが図7.9です．図における実質的に必要なエネルギーの大きさにより，ZEBは表7.7に示すように4つの段階に分けられています．

▼図7.9　ZEBのイメージ

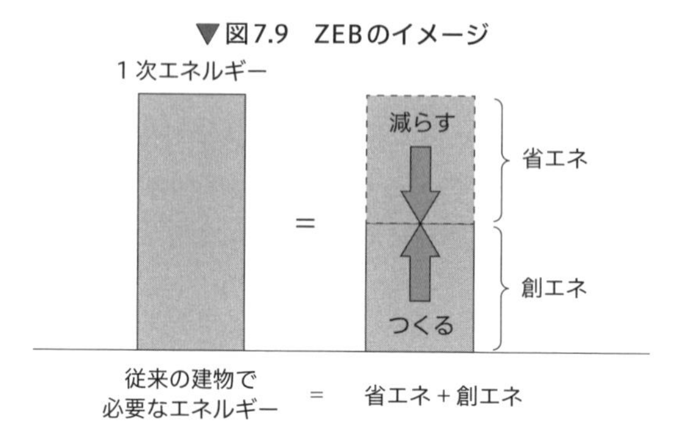

表7.7　ZEBの4つの段階

ZEBの段階	内　容
ZEB	省エネ50％以上＋創エネで100％以上の1次エネルギー削減
Nearly ZEB	省エネ50％以上＋創エネで75％以上の1次エネルギー削減
ZEB Ready	省エネで基準1次エネルギー消費量から50％以上の1次エネルギー消費量削減を実現した建物
ZEB Oriented	延べ面積10,000m^{2}以上で，用途ごとに規定した1次エネルギー削減量*を実現し，さらなる省エネに向けた未評価技術を導入した建物

*事務所，学校，工場等では40％／ホテル，病院，デパート，飲食店等では30％

2 ZEBに必要な技術

ZEBを実現するためには消費するエネルギーを減らす技術とエネルギーを創り出す技術，すなわち省エネ技術と創エネ技術の両者を組み合わせることが必要です．また，建物に必要なエネルギーをマネジメントする技術（略してエネマネ技術と称します）も重要で，継続的なエネルギー消費の削減に寄与します．

先に述べた省エネ技術，創エネ技術の概要を図7.10に示します．図中，省エネのアクティブ技術とは，Q&A 48に示されている省エネ実施項目に該当する技術です．

▼図7.10　ZEBに必要な技術の概要

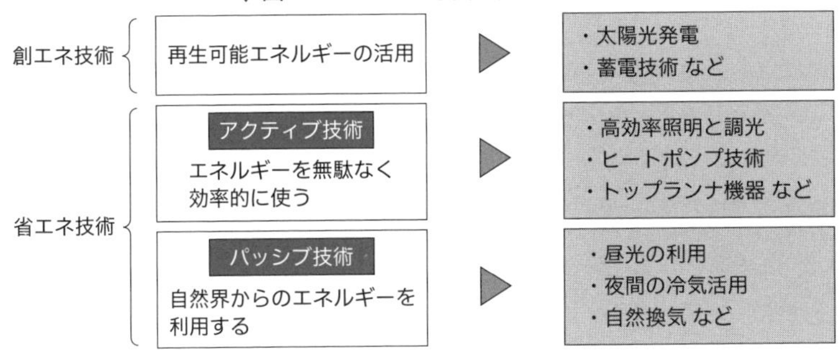

またパッシブ技術とは，建物の窓，壁，屋上などを対象とした施工上の技術や外気，太陽光の有効利用を目的とした技術です．創エネはソーラーパネルを主体とする，太陽光発電と余剰電力を蓄積するバッテリーとの組合せを含むシステムを中心とした技術です．エネマネ技術を含め，図7.10に示した技術の導入に対しては当然初期投資が必要となります．そこで，表7.7に該当するZEBを目指した内容をもつ建物の新築，改築に対しては，国による事業費用の補助が実施されています．

参考文献

沼倉 研史, E. Lan Vardaman 共著：半導体パッケージのできるまで, 日刊工業新聞社（2005年）

（一社）日本電設工業協会 編：高圧受変電設備の計画・設計・施工（改訂第六版），（一社）日本電設工業協会（2015年）

岡本 裕生 著：やさしいリレーとシーケンサ（改訂3版），オーム社（2014年）

望月 傳 著：図解でわかる　シーケンス制御の基本，技術評論社（1998年）

吉田 信也 監修，林 正雄・中島 昇・佐藤 崇志 共著：実務に役立つ 電子制御機器の知識，オーム社（2005年）

谷腰 欣司 著：DCモーターの実用技術，電波新聞社（2005年）

オーム社 編：2023年版　電気設備技術基準・解釈，オーム社（2023年）

（一社）日本電気協会 需要設備専門部門 編集：内線規程（JEAC8001-2022），発売オーム社（2022年）

山崎 耕造 著：カーボンニュートラル　－図で考えるSDGs時代の脱炭素化－，技報堂出版（2022年）

索引

英数字

ア行

カ行

サ行

タ行

ナ行

ハ行

マ行

ヤ行

ラ行

ワ行

〈著者略歴〉

林　正雄（はやし　まさお）

1975年　東京電機大学大学院工学研究科修士課程修了
　化学メーカ，半導体メーカ勤務後，慶應義塾大学SFC研究所上席所員
　工学院大学工学部電気システム工学科非常勤講師などを歴任

資格　第二種電気主任技術者
　エネルギー管理士

現場エンジニアが読む電気の本（第2版）

2007年6月15日　第1版第1刷発行
2023年6月22日　第2版第1刷発行

著　者　林　正雄
発行者　村上和夫
発行所　株式会社 オーム社
　郵便番号　101-8460
　東京都千代田区神田錦町3-1
　電話　03(3233)0641(代表)
　URL　https://www.ohmsha.co.jp/

印刷・製本　壮光舎印刷
ISBN978-4-274-23041-7　Printed in Japan